Márcia Barros de Sales

Informática para a Terceira Idade

2ª Edição - Revista e Ampliada

EDITORA CIÊNCIA MODERNA

Informática para a Terceira Idade – 2ª Edição – Revista e Ampliada

Editor: Paulo André P. Marques
Produção Editorial: Aline Vieira Marques
Assistente Editorial: Amanda Lima da Costa
Capa: Equipe Ciência Moderna
Diagramação: Daniel Jara
Copidesque: Eveline Vieira Machado
Imagem de Capa: Marcia Barros de Sales

FICHA CATALOGRÁFICA

SALES, Márcia Barros de.

Informática para a Terceira Idade – 2ª Edição - Revista e Ampliada

Rio de Janeiro: Editora Ciência Moderna Ltda., 2013.

1. Programação de Computador – Programas e Dados 2. Ciência da Computação
I — Título

ISBN: 978-85-399-0466-2 CDD 005
004

Editora Ciência Moderna Ltda.
R. Alice Figueiredo, 46 – Riachuelo
Rio de Janeiro, RJ – Brasil CEP: 20.950-150
Tel: (21) 2201-6662/ Fax: (21) 2201-6896
E-MAIL: LCM@LCM.COM.BR
WWW.LCM.COM.BR

08/13

Apresentação

Este livro tem por objetivo auxiliar as pessoas idosas com noções básicas de informática. O seu uso pode ser direcionado para turmas de iniciantes em informática, independentemente da idade ou do nível de domínio do computador.

O diferencial deste material é que ele detalha o "como fazer" passo a passo, com informações e conceitos básicos concisos, utilizando metáforas, analogias e pronúncias de termos em inglês para facilitar o aprendizado.

Para isso, foram realizadas algumas avaliações sobre os conteúdos abordados no livro por aproximadamente de 50 idosos frequentadores do projeto de extensão da Universidade Federal de Santa Catarina, "Oficinas de Informática para a Terceira Idade", no segundo semestre de 2012, com o intuito de deixá-lo mais adequado às pessoas idosas. Observou-se que o uso desse material deixou os idosos pouco estressados e menos constrangidos diante do computador e suas ferramentas de comunicação e informação. Aliás, notou-se uma nova situação de segurança e autonomia nessa interação, proporcionada pelo passo a passo de cada atividade, legibilidade e concisão das informações.

Para promover a inclusão de pessoas idosas, deve-se, acima de tudo, levar em conta sua linguagem, sua história de vida ou dificuldades com outro idioma, suas alterações cognitivas, emocionais e físicas, entre outras. É imperativo também, além de considerar as características citadas, mapear os princípios pedagógicos orientadores e facilitadores da aprendizagem do idoso. Por isso, utilizamos aqui a andragogia, tão defendida por nosso autor pátrio Paulo Freire.

Para finalizar, cito Paulo Freire, que muito me inspira: "Ninguém ignora tudo. Ninguém sabe tudo. Todos nós sabemos alguma coisa. Todos nós ignoramos alguma coisa. Por isso, aprendemos sempre." Vamos ao trabalho!

Profª. Dra. Márcia Barros de Sales

Sumário

Capítulo 1

Capítulo 2

Capítulo 3

Capítulo 4

Capítulo 5

Capítulo 6

Capítulo 7

Capítulo 1

Conhecendo o Computador

Neste capítulo, apresentaremos os principais componentes de um computador de seu funcionamento. Em particular, são apresentadas noções básicas de um sistema operacional, que é o elemento-chave de interação humano-computador. Um computador é composto por duas partes básicas:

Hardware [pronuncia-se: Rardiuér]
Termo em inglês utilizado para identificar a parte física de um computador: o gabinete, processador, monitor de vídeo, teclado etc.

Software [pronuncia-se: Sóftiuér]
Termo em inglês utilizado para identificar a parte do computador que não conseguimos ver nem tocar. Corresponde aos conjuntos de instruções (programas) que definem os procedimentos a serem executados pelo computador.

> Se compararmos com os seres humanos, o Hardware seria seu corpo e o Software seria sua alma.

Um Computador é uma máquina capaz de computar ou processar (contar, calcular, comparar) dados. Quem faz essa tarefa é o processador, que pode ser visto como o "cérebro" da máquina.

Sempre associada ao processador, há a memória principal, que é o local onde ficam provisoriamente armazenados os dados enquanto estiverem sendo processados. Fazendo uma analogia com uma pessoa, a memória principal corresponde à memória de curto termo, ou seja, uma memória rápida, que guarda acontecimentos recentes e por pouco tempo. Uma característica da memória principal é que ela é volátil, ou seja, as informações nela guardadas são perdidas caso desliguemos o computador ou falte energia elétrica.

Para exemplificar essa capacidade do computador de processar dados, podemos imaginar que haja um procedimento passo a passo que mostre ("ensine") ao computador como calcular o valor a ser pago pela locação de um DVD. Mas, para ele poder fazer o cálculo, precisamos fornecer dados, tais como, o número de diárias e o valor de cada diária (os dados de entrada). Completado esse cálculo (o processamento), ele informa o resultado, ou seja, o valor a ser pago (a saída de dados).

Mas, o computador pode, também, armazenar alguns desses dados para um processamento futuro. Por exemplo: Os dados referentes à locação de DVDs acima podem ser armazenados para que, no final do mês, seja emitido um relatório contendo um resumo das locações.

O diagrama a seguir procura resumir essas possibilidades de operação com os dados.

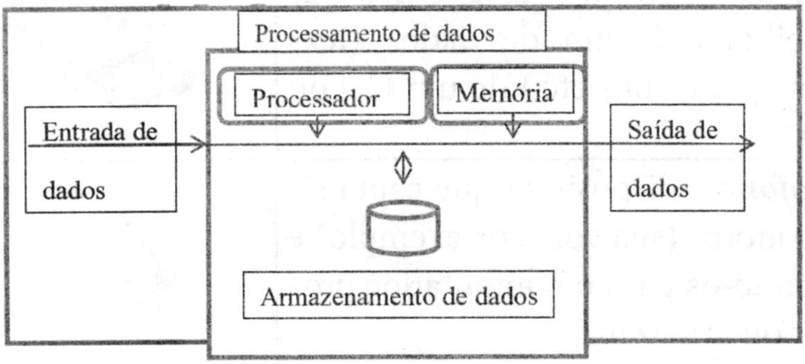

Para podermos oferecer dados ao computador para serem processados, usamos os chamados dispositivos de entrada de dados. Por exemplo: Se tivermos um teclado conectado ao computador, podemos digitar letras, números etc., e esses caracteres serão processados e/ou armazenados pelo computador. Outros exemplos de dispositivos de entrada de dados são apresentados a seguir.

Dispositivos de Entrada de Dados	
Teclado – dispositivo similar ao teclado de uma máquina de escrever, que possibilita a digitação de letras, números etc	
Mouse [pronuncia-se: mause] – dispositivo que você pode arrastar sobre a mesa de forma a movimentar um cursor (geralmente ilustrado por uma seta) para algum local específico da tela do computador e, então, selecionar alguma operação a ser realizada nesse local.	

Leitor de CD/DVD - dispositivo que possibilita a leitura de dados (textos, imagens, sons etc.) de um CD ou DVD.	
Microfone - dispositivo que capta sinais sonoros (sua voz, por exemplo) e transmite-os para o computador processar ou armazenar.	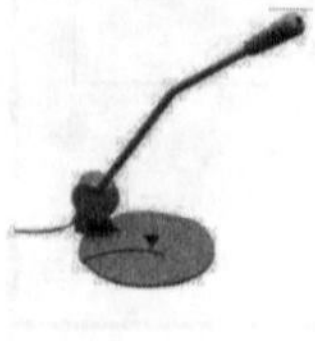
Webcam {pronuncia-se: uébicam] - é uma câmera de vídeo que captura imagens e transfere-as para um computador. Existem vários modelos. Pode ser usada para videoconferência, tirar fotos, produção de vídeo etc. Alguns modelos têm um microfone acoplado, neste caso, é denominado dispositivo de entrada e saída de dados.	

Para podermos obter ou visualizar o resultado do processamento de dados, é necessário que tenhamos dispositivos de saída de dados conectados ao computador. O dispositivo de saída de dados mais comum é o monitor de vídeo, que serve para visualizarmos uma variedade de tipos de dados, tais como, textos, imagens e gráficos. Outros exemplos de dispositivos de saída de dados são apresentados no quadro abaixo.

Dispositivos de Saída de Dados	
Monitor de vídeo – dispositivo similar a uma televisão, que serve para visualizarmos uma variedade de tipos de dados, como, por exemplo, textos, imagens e gráficos.	
Impressora – dispositivo que possibilita a impressão (geralmente em papel) de dados, tais como, textos, imagens e gráficos.	
Caixa de som – dispositivo que emite sinais sonoros.	
Projetor multimídia (data show) – dispositivo que possibilita a projeção em tela de diversos tipos de dados, tais como, textos, imagens e gráficos.	

Existem dispositivos que servem simultaneamente para a entrada e a saída de dados. Alguns são descritos a seguir.

Dispositivos de Entrada e Saída de Dados	
Gravador de CD/DVD – dispositivo que possibilita ler e gravar dados (textos, imagens, sons etc.) em CD ou DVD. No caso de precisarmos guardar dados para serem utilizados no futuro, precisamos dispor de algum tipo de dispositivo de armazenamento de dados.	
Cartão SD: Dispositivo que possibilita ler ou gravar dados (textos, imagens, sons etc.), geralmente utilizados para armazenar fotos em máquinas fotográficas digitais, celulares, *video games* e outros aparelhos eletrônicos. A seguir são descritos alguns exemplos de dispositivos de armazenamento de dados.	

Dispositivos de Armazenamento de Dados	
Pen drive [pronuncia-se: pendraive] – dispositivo de formato compacto utilizado para armazenamento e fácil transporte de dados.	

Unidade de disco rígido - dispositivo interno do computador que serve para o armazenamento de grandes quantidades de dados. Geralmente é conhecido por sua abreviatura em inglês: HD (*Hard Drive*) ***[pronuncia-se: rardraive]***.

Outros Componentes de um Computador

Gabinete - é uma caixa metálica ou plástica que aloja todos os componentes e dispositivos internos. Há diversos modelos de gabinetes, sendo que os mais comuns são os gabinetes verticais (gabinetes torre).

Memória principal - dispositivos onde os dados ficam provisoriamente armazenados enquanto estiverem sendo processados. Uma característica desta memória é que ela é de curto termo e volátil, ou seja, as informações nela guardadas são perdidas caso desliguemos o computador ou falte energia elétrica.

Processador - considerado o "cérebro" do computador. Ele efetivamente processa os dados, tais como, contas, cálculos, comparações etc.

Placa-mãe – é uma placa que fica dentro do gabinete, na qual se encontram instalados o processador e a memória principal. Ela também propicia a interconexão de diversos dispositivos externos, tais como, teclado, *mouse*, impressora, monitor de vídeo etc. Comparando com o corpo humano, a placa-mãe é como se fosse o esqueleto e o sistema nervoso.	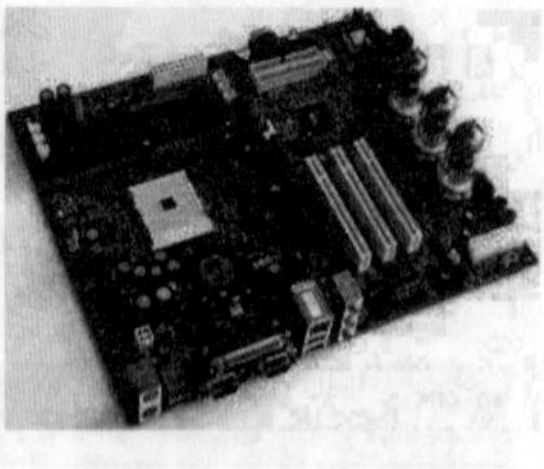

Outros Dispositivos Tecnológicos

Laptop [pronuncia-se lépitóp] – laptop (no Brasil, também é chamado de notebook) é um computador portátil, leve, projetado para ser transportado e utilizado em diferentes lugares com facilidade. Geralmente, um laptop contém tela de LCD (cristal líquido), teclado, *mouse* (geralmente um *touchpad*, área onde se desliza o dedo), unidade de disco rígido, portas para a conectividade via rede local ou fax/*modem*, gravadores de CD/DVD. Os mais modernos possuem entradas para dispositivos, tais como, *pendrive*, cartão SD etc. (Wikipedia, 2012).	

HD externo – conhecido popularmente como HD externo, disco rígido externo, é um dispositivo de armazenamento independente que pode ser conectado a um computador através de USB ou outros meios (Wikipédia, 2012).	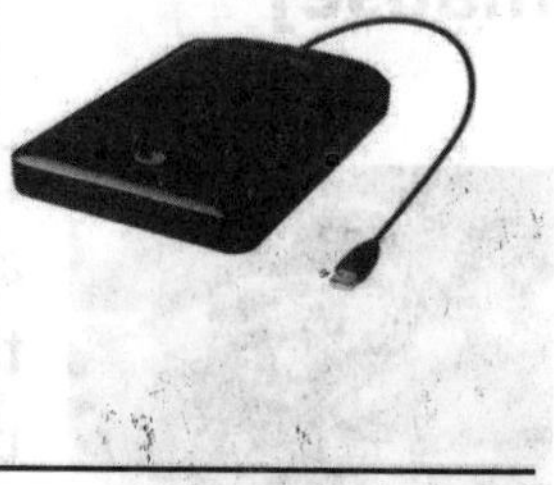
Tablet [pronuncia-se: tábletí] – também é um dispositivo pessoal em formato de prancheta que pode ser usado para ter acesso à Internet, organização pessoal, visualização de fotos, vídeos, leitura de livros, jornais e revistas, e entretenimento com jogos. Apresenta uma tela *touchscreen* (tela sensível ao toque) que é o dispositivo de entrada principal. A ponta dos dedos ou uma caneta aciona suas funcionalidades. (Wikipédia, 2012).	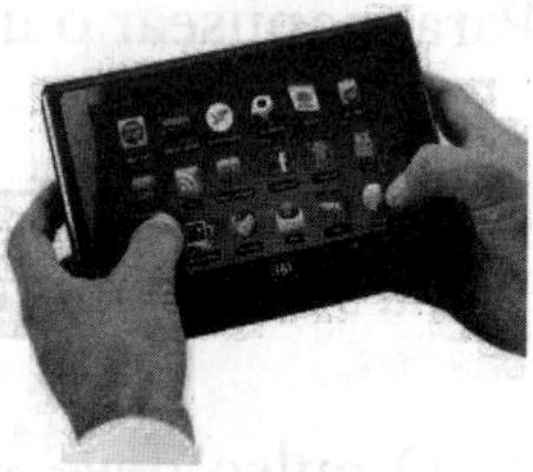
iPhone [pronuncia-se: aífone] e Smartphone [pronuncia-se: esmart fone] – ambos são telefones e possuem câmera digital, acessam a Internet, enviam mensagens de texto (SMS), permitem conversar por *voice mail* e tem suporte para videochamadas (FaceTime). A interação com o usuário é feita por uma tela sensível ao toque (Wikipédia, 2012).	

Conhecendo Melhor o Mouse [pronuncia-se: mause]

O mouse é um dispositivo que você pode arrastar sobre a mesa de forma a movimentar um cursor (geralmente ilustrado por uma seta) para algum local específico da tela do computador e, então, selecionar alguma operação a ser realizada nesse local.

Para manusear o mouse, observe as sugestões abaixo:

1. A mão deve ficar relaxada e apoiada sobre o mouse;

2. O pulso deve estar apoiado sobre a mesa para uma melhor precisão nos movimentos e evitar a sobrecarga de peso no ombro;

3. Preferencialmente, o antebraço todo, incluindo o cotovelo deve permanecer apoiado na mesa;

4. Os dedos devem ficar levemente apoiados sobre os botões (ver imagem anterior).

Atenção: Quando for solicitada a ação de dar um clique ou dois cliques com o mouse, na maioria dos casos, essa ação será realizada com o botão esquerdo do mouse. Quando for para utilizar o botão direito, iremos mencionar no texto.

"Cursor" ou Ponteiro do *Mouse*

Quando você movimenta o *mouse* na mesa, move o **cursor** que está na tela do computador. Em geral, o cursor é representado por uma seta . Mas, o **cursor** pode assumir outras formas, dependendo da operação que está sendo realizada.

Veja a seguir algumas dessas outras formas:

 Ocupado: indica que o computador está realizando alguma tarefa

 Seleção normal de texto

 Movimentação de algum objeto (figura, tabela, fotos etc.)

 Indica acesso a um endereço na Internet, seleção de *link*.

 Seleção de precisão: serve para movimentar a figura, desenho, tabela, quadro etc.

 Acesso não disponível

 Redimensionamento na vertical: serve para diminuir ou aumentar alguma figura, desenho, tabela etc., na vertical

 Redimensionamento na horizontal: serve para diminuir ou aumentar alguma figura, desenho, tabela etc., na horizontal.

Agora que você conheceu um pouco sobre o computador e seus componentes (dispositivos), vamos ligar o computador?

Oficina 1.1 - Ligando o Computador

Para ligar o computador, siga os próximos passos:

1- Estabilizador	2- Gabinete	3- Monitor
		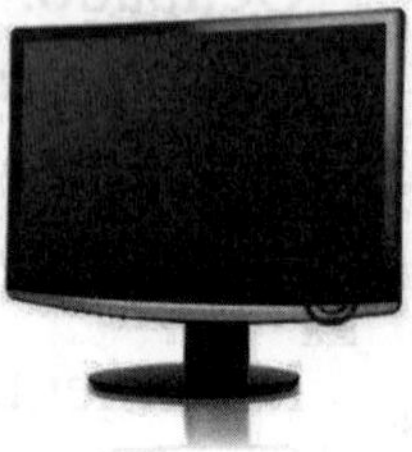

1. Se você tiver um **estabilizador**, primeiro ligue-o.

2. Aperte o botão liga/desliga, localizado na parte frontal do **gabinete** e do monitor de vídeo.

3. Observe se no **gabinete** e no **monitor** de vídeo há alguma indicação luminosa. Caso não haja nenhuma indicação luminosa acesa num deles, isto indica que ele não está ligado (retorne ao passo 2) ou, o que é mais raro, ele pode estar com algum defeito.

Sistema Operacional e Aplicativos

Conforme visto anteriormente, o computador é composto por *hardware* (parte física) e *software* (parte lógica, os programas). O *hardware* representa o corpo físico do computador, mas necessita de algo que lhe dê "vida": o *software.*
O sistema operacional é um dos componentes de *software do* computador. É ele que gerencia todo o funcionamento do computador, inclusive a entrada e a saída de dados. O sistema operacional também oferece uma interface (em geral gráfica) para facilitar a interação das pessoas com o computador.

Podemos ver o sistema operacional como uma infraestrutura básica sobre a qual vamos desenvolver as nossas atividades. Mas, por vezes, essa infraestrutura básica não é suficiente para atender às nossas demandas. Neste caso, necessitamos de outros componentes de *software* específicos, que chamamos de **aplicativos** ou **programas**.

Por exemplo, todo ano nós preenchemos a Declaração de Imposto de Renda. Mas não há, no sistema operacional, um recurso especificamente destinado para isto. Sabendo disto, a Receita Federal anualmente disponibiliza para os contribuintes um aplicativo (programa) que pode ser instalado no sistema operacional, de forma a propiciar a realização dessa tarefa.

Há vários sistemas operacionais que podemos utilizar, entre os quais os mais conhecidos são o Windows™ e o Linux™. No caso das nossas oficinas, vamos utilizar o sistema operacional *Windows,* em sua versão Windows Seven.

Interface Gráfica

Para facilitar a interação das pessoas com o computador, o sistema operacional oferece uma interface gráfica para o usuário. As interfaces gráficas atuais têm como base uma metáfora de mesa de trabalho, "*desktop*" ***[pronuncia-se: désqui tópi].***

Por quê Desktop ou Mesa de Trabalho?

Se observarmos uma mesa de trabalho num escritório, notamos que há diversos papéis (documentos) espalhados sobre ela; em determinado instante, nossa atenção é focada num deles; os demais ficam espalhados pela mesa, uns sobre os outros. Também encontramos diversos outros recursos sobre a mesa, tais como, caneta, calculadora, bloco de notas, calendário etc.

Essa estrutura de papéis (documentos) sobre a mesa é vista em uma interface gráfica como um conjunto de janelas que se sobrepõem. Cada papel (documento) sobre a mesa equivale a uma janela da interface gráfica.

No canto superior direito de cada janela, existem três botões 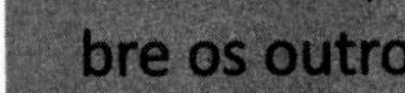. O significado de cada um desses botões é:

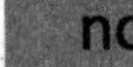 **Minimizar** uma janela ou ocultar (diminuir) a janela – equivale a pegarmos o documento que temos em foco sobre a mesa de trabalho e colocá-lo embaixo de outros documentos.

Maximizar uma janela – após abrir uma janela, você pode ampliá-la para ocupar toda a tela. Com isso, será mais fácil trabalhar, pois a visualização será muito maior.

Fechar janela – quando terminar o seu trabalho, é hora de fechar o seu documento e arquivá-lo. Equivale a pegarmos o documento no qual trabalhamos sobre a mesa de trabalho e guardá-lo numa gaveta ou pasta.
A tela a seguir é a área inicial do *Windows*, chamada *Desktop* (Área de Trabalho). Note que há vários desenhos que chamamos de «ícones» na tela. Cada ícone é um atalho para acessar os programas.

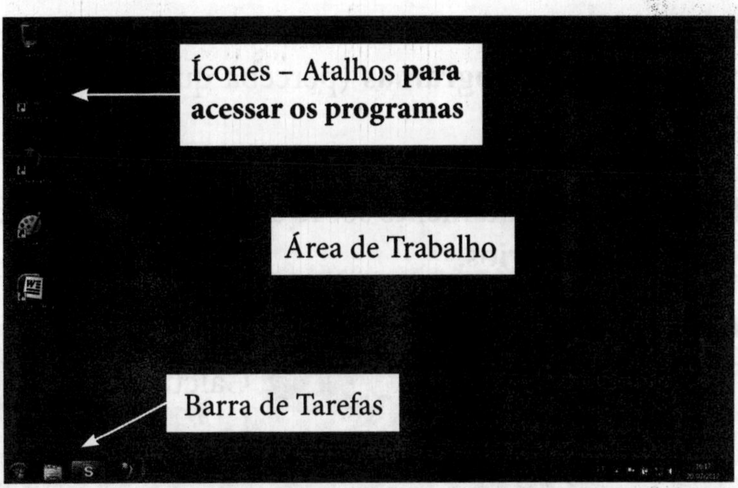

O botão Iniciar abre um menu que fornece uma lista de aplicativos para você escolher, tais como, executar programas, abrir documentos ou fazer algumas configurações: localizar um arquivo de texto ou imagem, executar e até (acredite) **desligar o computador**. Outra função do botão **Iniciar** é abrir o Menu **Iniciar**, que contém outros menus subsequentes.

Atenção: A sua tela pode estar diferente do exemplo porque cada pessoa tem sua própria área de trabalho (Desktop), com mais ou menos ícones, com outra cor de fundo ou imagem, mas não se preocupe com isso!

Agora, vamos ligar o computador e acessar a **calculadora** do *Windows*. Siga os passos:

1. Clique no botão Iniciar ; observe na figura a seguir o caminho que você deverá percorrer para chegar até a calculadora.

2. Mova o cursor (sem clicar no botão do *mouse*) até a palavra **Todos os Programas** (perceba que outro menu irá abrir-se).

3. Mova o *mouse* lentamente sobre a sombra azul até acessar a palavra Acessórios.

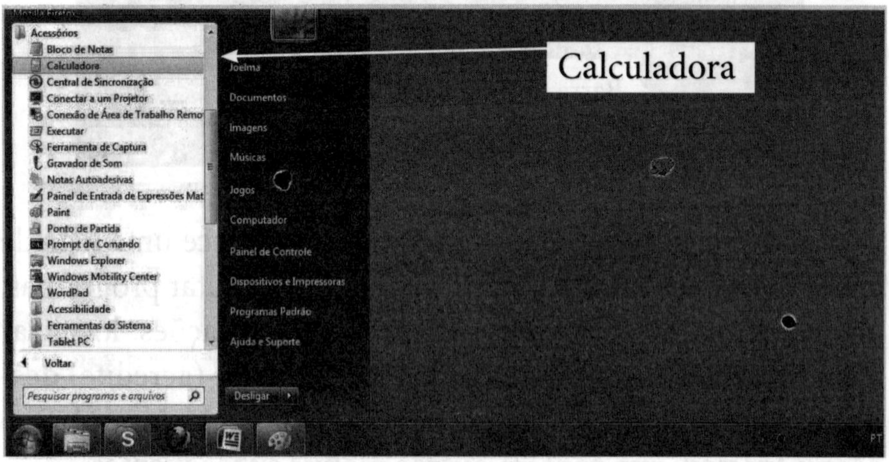

4. Mova o cursor até a palavra Calculadora Calculadora e dê um clique.

5. Agora, observe bem a tela que apareceu no formato de calculadora na tela do computador.

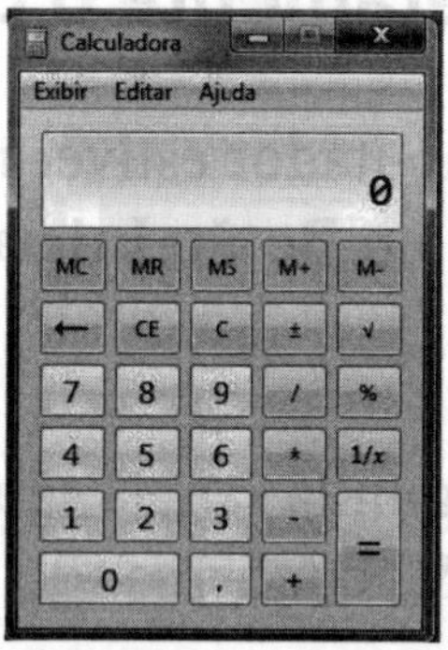

6. Observe que você tem números e sinais das quatro operações básicas: (+) para somar, (-) para subtrair, (*) para multiplicar e (/) para dividir.

7. Agora, você pode pegar o *mouse*, levá-lo até o **número 4** e pressionar com o botão esquerdo. Ou, se preferir, pode procurar o número 4 no teclado e pressionar.

8. Clique no sinal de multiplicar (*).

9. Depois, posicione o cursor sobre o **número 5** (cinco), pressione e solte.

10. Movimente agora sobre o sinal de **igual** (=) e pressione para ver o resultado.

11. Agora que você viu como se faz para usar a calculadora, explore um pouco mais esse programa e faça outras contas utilizando os sinais de menos (-), divisão (/) e soma (+).

Desligando Corretamente o Computador

1. Quando o seu computador estiver na área de trabalho (na tela inicial), clique no **Botão Iniciar** . Depois, na opção **Desligar**.

2. Aparecerá uma segunda janela igual à do exemplo a seguir. Clique em **SIM**, confirmando que você quer desligar.

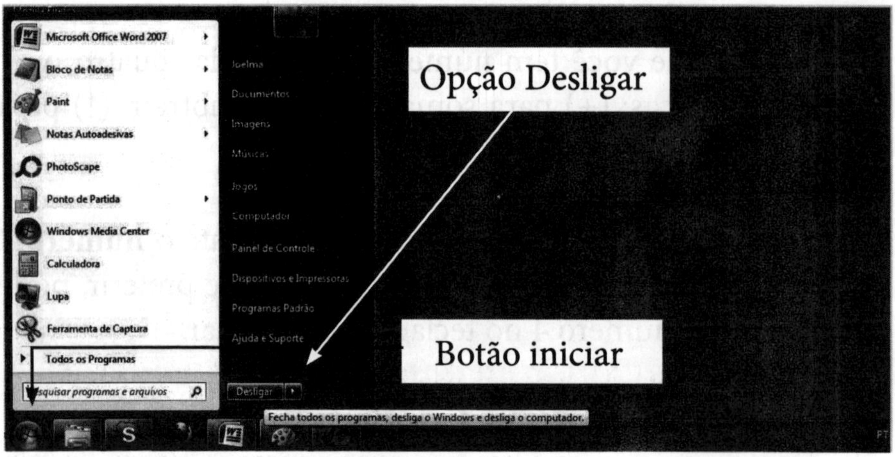

Exercitando com Palavras Cruzadas

Com base nos conhecimentos adquiridos neste capítulo, tente responder as palavras cruzadas a seguir. Utilize as pistas que

estão abaixo das palavras cruzadas para descobrir a palavra correta; se necessário, volte e pesquise o conteúdo.

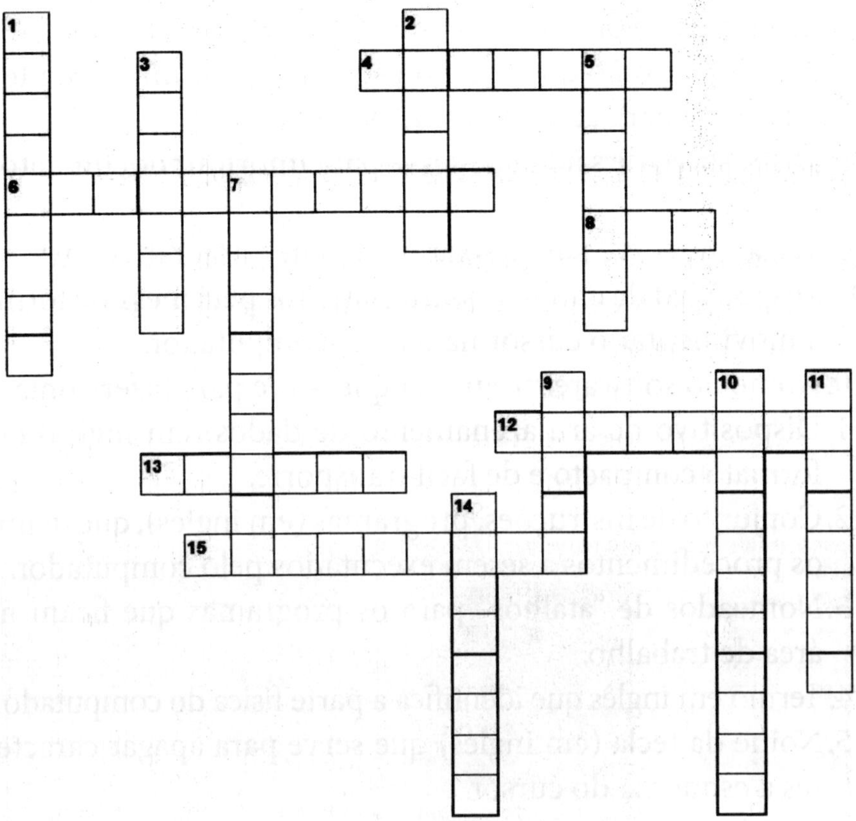

Pistas para auxiliar na descoberta das palavras:

1. Nome do botão que fica no canto superior direito da tela e serve para diminuir uma janela.
2. Botão que fica no canto superior direito da tela e é representado por um "x".
3. Dispositivo de saída do computador similar a uma televisão.

4. Dispositivo de entrada do computador similar a uma máquina de escrever.
5. Termo em inglês usado para "área de trabalho", tela inicial do computador.
6. Nome do botão que fica no canto superior direito da tela que serve para aumentar uma janela.
7. Dispositivo de saída que serve para imprimir documentos, fotos etc.
8. Tecla que serve para deixar espaço de parágrafo no texto.
9. Dispositivo de entrada que arrastamos pela mesa de forma a movimentar o cursor na tela do computador.
10. Nome do software/programa que serve para fazer contas.
11. Dispositivo de armazenamento de dados (em inglês) em formato compacto e de fácil transporte.
12. Conjunto de instruções, programas (em inglês), que define os procedimentos a serem executados pelo computador.
13. Nomeados de "atalhos" para os programas que ficam na área de trabalho.
14. Termo em inglês que identifica a parte física do computador.
15. Nome da tecla (em inglês) que serve para apagar caracteres à esquerda do cursor.

Confira a seguir as respostas das palavras cruzadas:

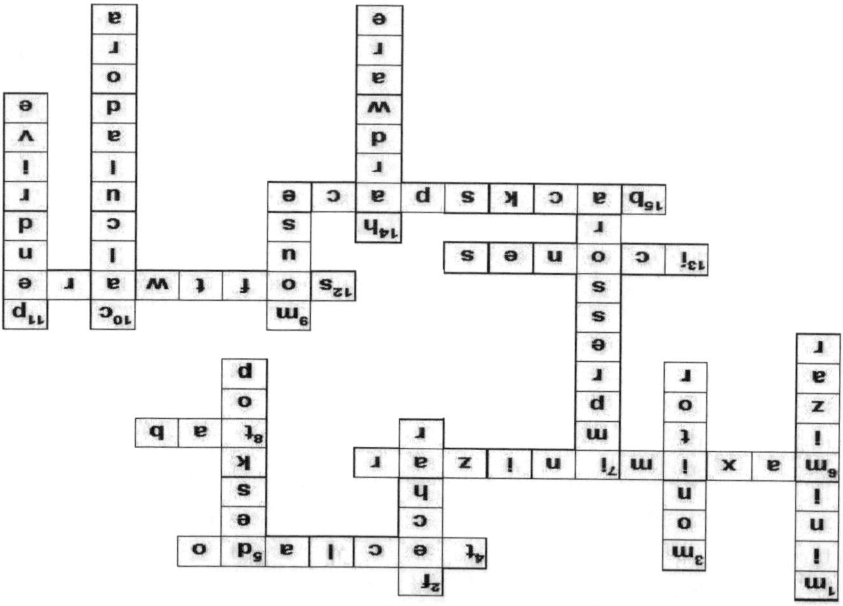

Pronto, agora que você tem algumas noções sobre as funções do teclado, *mouse*, botão iniciar e botões das janelas, bem como ligar e desligar o computador, podemos passar para a nossa próxima atividade, que é desenhar no Paint **[pronuncia-se: pente]**!

Vamos trabalhar com o *mouse*!

Capítulo 2

Treinando sua Motricidade/Manuseando o *Mouse*

Oficina 2.1

Neste capítulo, descrevemos algumas atividades para você exercitar a motricidade[1] fina de sua mão. Essa motricidade é muito importante, tanto ao utilizar o teclado quanto no manuseio do mouse, pois esses dois dispositivos são muito utilizados na nossa interação com o computador.

[1] Conjunto de funções nervosas e musculares que permite os movimentos voluntários ou automáticos do corpo.

Fonte: Dicionário Houaiss.

Para praticar, faremos alguns desenhos à mão livre, só que utilizando o mouse e a tela, em vez de lápis e papel. Note que quando é feito um desenho com papel e lápis, em geral, nosso olhar está simultaneamente fixado no papel e no lápis. Mas, quando se faz um desenho utilizando o mouse e a tela do computador, normalmente nosso olhar está focado na tela do computador, enquanto nossa mão está numa região periférica do olhar, movimentando o mouse sobre a mesa.

Sendo assim, além de exercitar a motricidade de sua mão, esses exercícios ajudarão você a desenvolver a habilidade de sincronizar o movimento do mouse sobre a mesa com o movimento do cursor na tela do computador.

Para fazermos esses desenhos à mão livre, vamos utilizar o programa Paint™[2] (Microsoft). Esse aplicativo permite construir desenhos simples.

[2] Software utilizado para criar desenhos simples e também para editar imagens. O programa está incluído, como um acessório, no sistema operacional *Windows* e em suas primeiras versões conhecidas como *PaintBrush*.

Nesta atividade, conheceremos o programa ***Paint*** **[pronuncia-se: pente]**.

Para começar, vamos "abrir" o *Paint*. Clique no botão iniciar , que está no canto inferior esquerdo da tela, e movimente o cursor do *mouse* até a palavra Todos os Programas. Agora, vá até Acessórios e, finalmente, clique no ícone 

.

Veja a janela principal do *Paint* e observe os itens dessa tela.

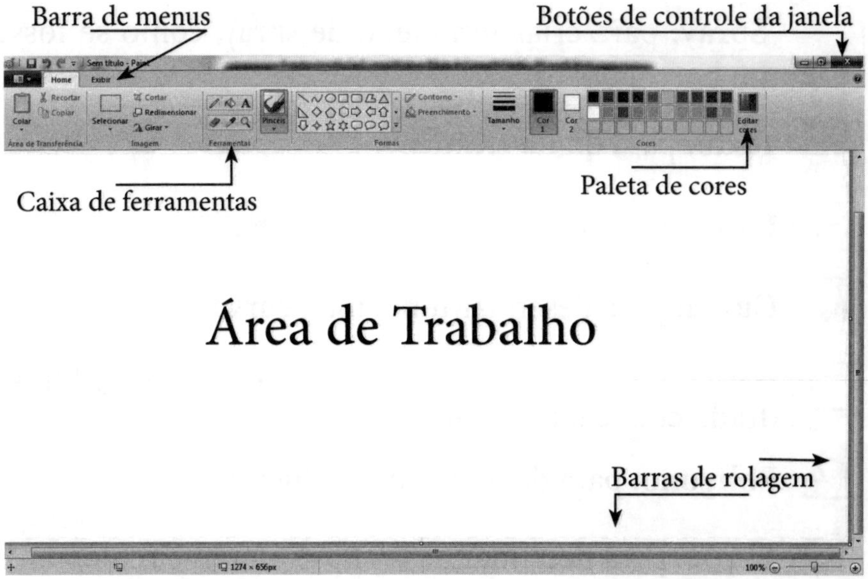

Para facilitar as atividades que iremos desenvolver nas oficinas, vejamos, inicialmente, o significado de alguns dos botões que aparecem na Caixa de Ferramentas.

Borracha: para apagar (limpar) uma área, como se faz com o apagador no quadro negro

Preencher com cor: para preencher (pintar) uma área, como quando se derrama um balde de tinta no chão.

Lupa: para ampliar uma área (parte) do desenho, de forma a facilitar a sinalização e o retoque.

Selecionador de cores: para copiar a cor de uma área ou um objeto para outra área.

Lápis: para realizar desenhos à mão livre.

Pincel: para pintar com um pincel, como quando se pinta um quadro.

Spray: para criar um efeito de spray, como se fosse um borrifador.

Texto: para digitar textos.

Linha: para desenhar uma linha reta.

Curva: para desenhar uma linha curva.

Retângulo: para desenhar um retângulo ou um quadrado com cantos quadrados.

Polígono: para desenhar um polígono.

Elipse: para desenhar uma elipse ou um círculo.

Retângulo arredondado: para desenhar retângulos com cantos arredondados.

Recomendamos que você leia e faça o que será solicitado passo a passo. **Vamos trabalhar!**

Fazendo Desenhos à Mão Livre

→ Para usar a ferramenta **Lápis**, siga os próximos passos:

1. Selecione a ferramenta Lápis, clicando no botão esquerdo do *mouse* na figura da caixa de ferramentas.
2. Observe que o botão Lápis ficou com uma cor laranja, indicando que a ferramenta está selecionada.

3. Mova o cursor para a área de trabalho.
4. Para começar um desenho, primeiro posicione o cursor na área de trabalho, que está em branco. Agora, aperte o botão esquerdo do *mouse* e mantenha-o pressionado, enquanto faz movimentos livres com o *mouse* e veja o que você está desenhando na tela. Quando terminar o desenho, é só soltar o botão do *mouse*.
5. Agora, desenhe o seu nome com a ferramenta **Lápis**. Veja o exemplo abaixo:

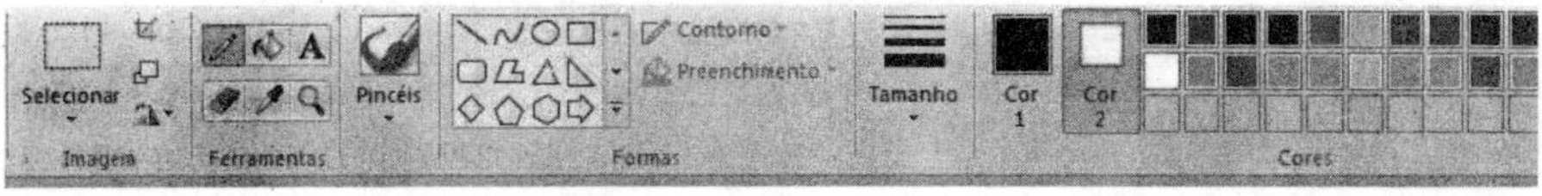

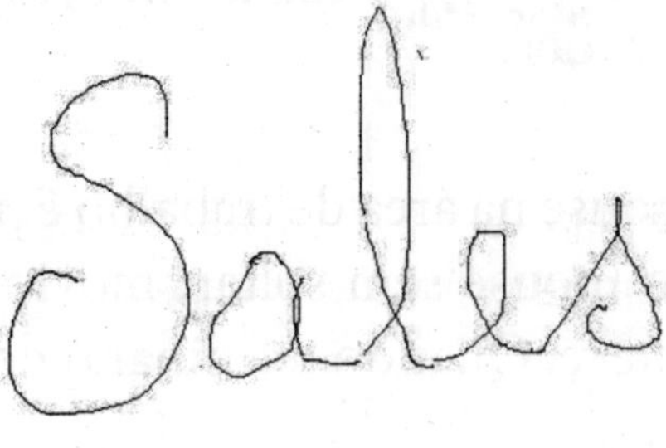

→ Para usar a Paleta de cores,[3] clique com o botão esquerdo do mouse em cima da cor desejada.

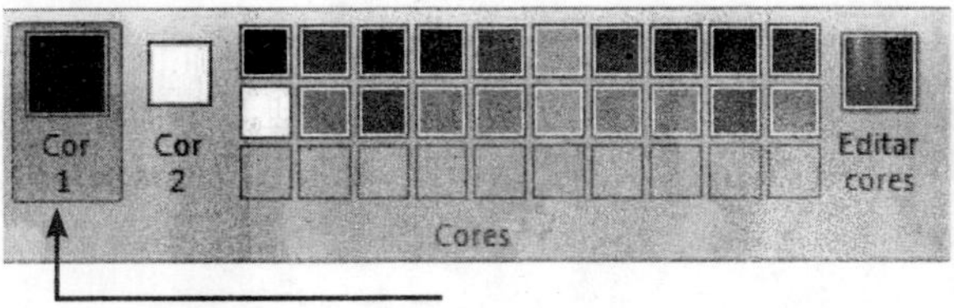

Este quadro indica a cor selecionada no momento

[3] Assemelha-se a uma cartela de tintas, na qual podemos selecionar a cor a ser utilizada.

→ Para usar a ferramenta Pincel, clique em . Siga os passos:

1. Posicione o cursor do mouse na área de trabalho e pressione o botão esquerdo do mouse sem soltar. Quando terminar, solte o botão.
2. Observe que existem algumas Opções de Ferramentas para variar a largura do traço.

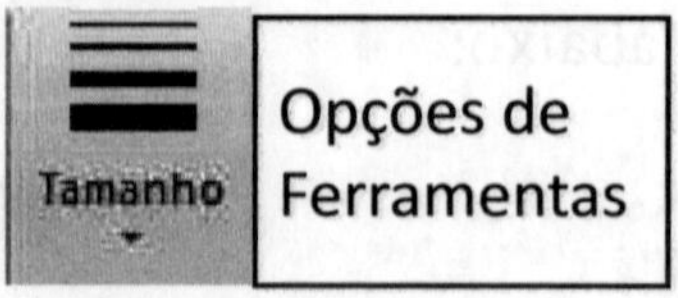

→ Para usar a ferramenta Spray, clique em Pincel. Observe que será aberta a seguinte aba ; clique em Spray . Siga os passos:

1. Posicione o cursor do mouse na área de trabalho e pressione o botão esquerdo do mouse sem soltar; movimente o cursor e veja o que acontece. Quando terminar o desenho, solte o botão.

2. Note que existem algumas Opções de Ferramentas para variar a largura do spray.

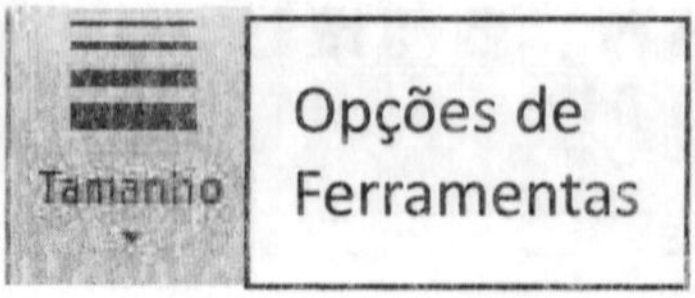

➛ Para usar a ferramenta Borracha, clique em [ícone]. Siga os passos:

1. Posicione o cursor do mouse na área de trabalho.
2. Aperte o botão esquerdo do mouse e arraste-o sobre a área que deseja apagar.
3. Altere o tamanho da borracha.

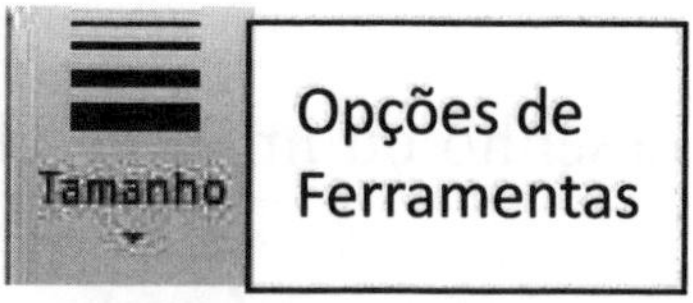

➛ Para desenhar um retângulo, clique em [ícone]. Siga os passos:

1. Clique na figura desejada e leve o cursor do mouse para a área de trabalho.
2. Agora, clique novamente o botão esquerdo do mouse e mantenha-o pressionado; movimente o cursor na tela para a direita, depois, para baixo bem devagar e solte o botão.

Na opção de ferramentas, existem diferentes tamanhos de borracha que você pode escolher clicando com o *mouse* no tamanho desejado. Em algumas versões do *Paint*, pode-se aumentar a borracha pressionando simultaneamente as teclas **"Ctrl"** mais o sinal "+" do teclado numérico.

Atenção: Quando for solicitada a ação para dar um clique ou dois cliques com o *mouse*. Na maioria dos casos, essa ação será realizada com o botão esquerdo do *mouse*. Quando for para utilizar o botão direito, iremos mencionar no texto.

Para desenhar um retângulo com os cantos arredondados ou um círculo, siga os passos:

1. Clique na figura desejada e leve o cursor do *mouse* para a área de trabalho.
2. Agora, clique novamente o botão esquerdo do *mouse* e mantenha-o pressionado, movimente o cursor na tela para a direita, depois, para baixo bem devagar e solte o botão.
3. Repita a operação acima desenhando círculos ou retângulos em tamanhos diferentes.

→ Para **preencher com cor** um desenho ou imagem, clique em e siga os passos:

1. Escolha uma cor na **paleta de cores** e clique em cima:

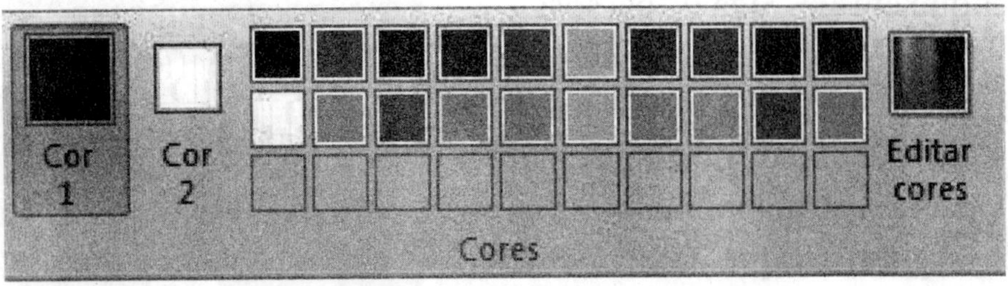

2. Se você deseja pintar uma parte do desenho ou preencher uma figura, tal como, um círculo ou retângulo, posicione o *mouse* em cima do desenho ou figura que deseja colorir e dê um clique com o botão esquerdo.
3. Pode acontecer de toda sua tela ficar preenchida, caso você não tenha feito nenhuma figura ou se fez um desenho utilizando o lápis e não fechou todo o seu desenho.
4. Se isso acontecer, clique na barra de menus em **Editar** e, em seguida, na opção **Desfazer**.

Salvando o seu Desenho no Paint

Tudo que fizemos até agora está na memória do computador. Se for desligado o computador, todo o trabalho que ainda não foi salvo se perderá/desaparecerá.

Salvar é armazenar ou gravar as informações num dispositivo para gravação. Esses dispositivos podem ter diversas formas, tais como, CD, memórias, pendrive e HD (hard disk) ou disco rígido, que é denominado, na maioria das vezes, de C:\.

O HD fica dentro do gabinete do computador.

Agora, vamos salvar o arquivo com o seu desenho na pasta que você criará dentro de **Documentos**. Siga os passos abaixo:

1. Na **Barra de Menu**, clique na setinha (que se encontra no canto superior esquerdo da tela).

2. Em seguida, aperte o botão esquerdo do *mouse* em **Salvar como**.

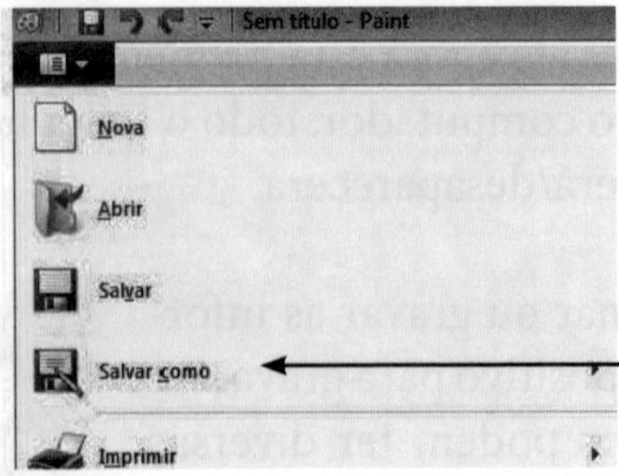

3. Escolha Imagem JPEG.

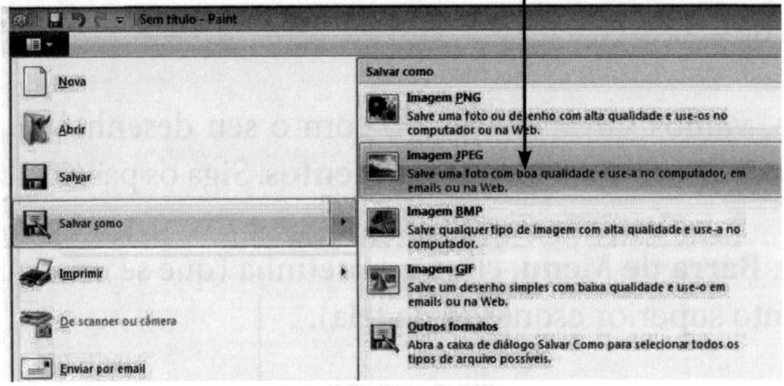

4. Escolha a pasta de documentos Documentos.

5. Agora, clique com o botão **DIREITO** do *mouse* na palavra **Documentos**.

Em seguida, clique em **Novo** e depois em **Pasta**.

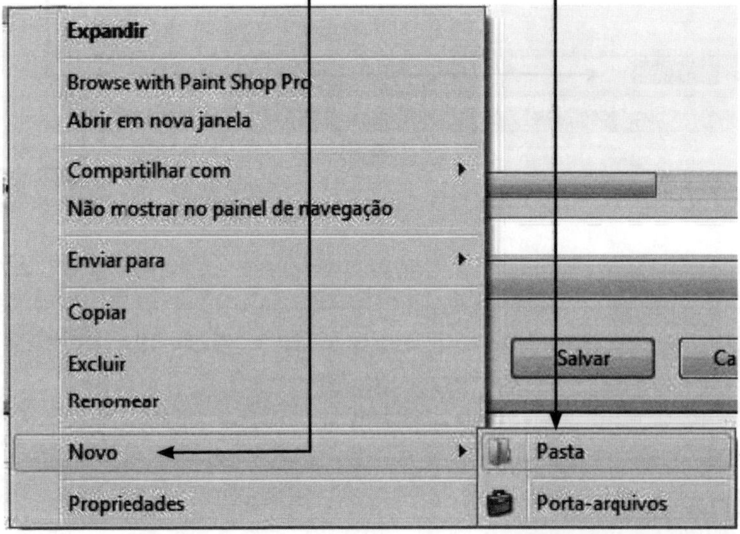

6. Agora, crie a pasta com o seu nome para guardar seus arquivos; para isso, clique em Nova pasta e digite o seu Nome.

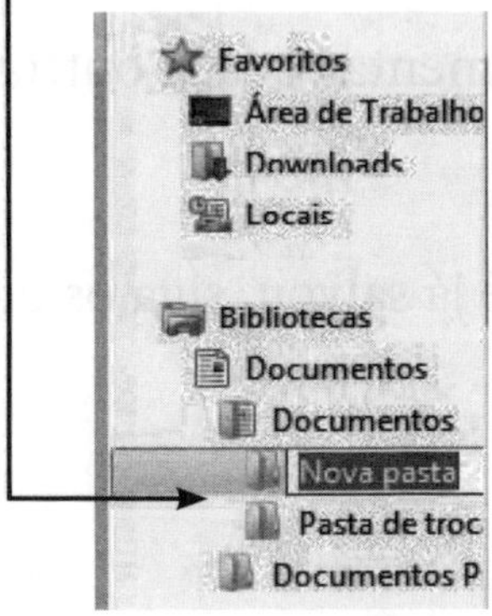

Criar uma pasta é definir um local na unidade de armazenamento escolhida para você guardar/armazenar seus arquivos. Para facilitar o seu acesso, lembre-se de guardar seus documentos sempre na sua pasta.

7. Na janela que abrir, digite seu nome e, após, dê um **Enter**.

8. Posicione o cursor no item Nome: e digite **Exercício 1**. Depois mova o *mouse* até o botão **Salvar** e aperte o botão esquerdo.

Agora que você salvou o seu desenho, abra um novo arquivo para exercitar um pouco o que aprendeu na Oficina 2.1. Para isso, observe os passos da Oficina 2.2.

Oficina 2.2

→ Para fazer um novo desenho, você precisa abrir outro arquivo:

1. Na barra de menus, selecione a opção **Arquivo**.
2. Selecione **Novo.**
3. Agora, explore a barra de ferramentas e faça outros desenhos.

→ Para abrir um desenho que você já salvou, siga os passos:

1. Na barra de menus, selecione esta figura de cor azul.

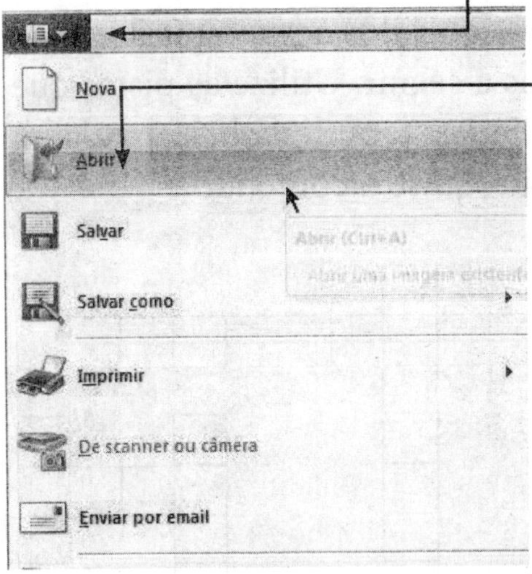

2. Clique em **Abrir.**

3. Clique em Documentos e, depois, clique na pasta com o seu nome. Para abrir a pasta, clique uma vez e tecle **Enter** (teclado) ou, se preferir, clique rapidamente com o botão esquerdo do *mouse* duas vezes na pasta.

4. Procure o arquivo que você quer abrir. Para abrir, clique uma vez e tecle **Enter** (teclado) ou, se preferir, clique rapidamente duas vezes na pasta.

Até aqui, você utilizou apenas algumas ferramentas do *Paint*. Agora, faça novos desenhos ao seu gosto e explore bem a caixa de ferramentas.

Exercitando com Palavras Cruzadas

Com base nos conhecimentos adquiridos neste capítulo, tente responder as palavras cruzadas a seguir. Utilize as pistas que estão abaixo das palavras cruzadas para descobrir a palavra correta. Se necessário, volte e pesquise o conteúdo.

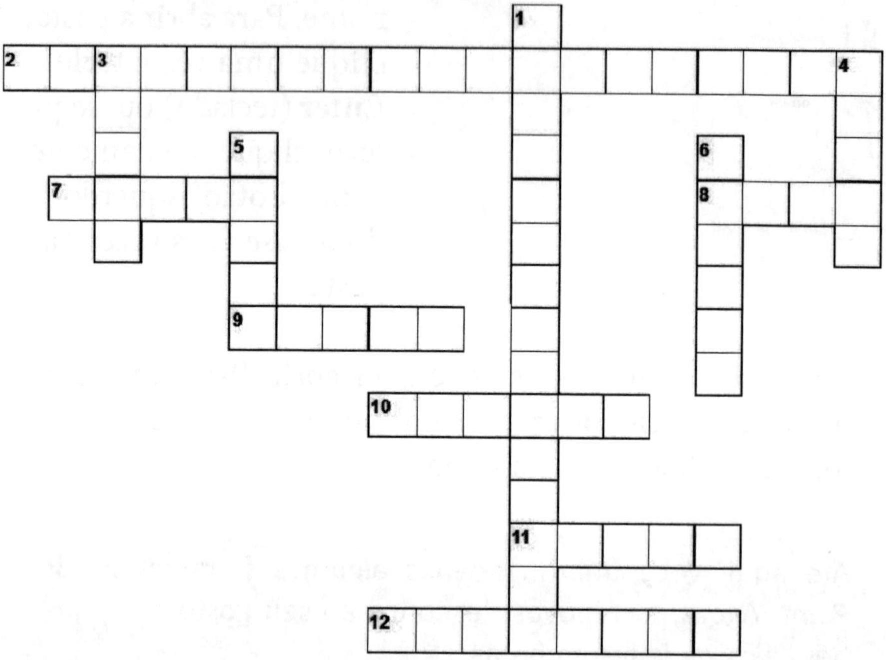

Pistas para auxiliar na descoberta das palavras:

1. Ferramenta para pintar uma área do desenho.
2. Ferramenta que serve para copiar a cor de uma área ou um objeto para outra área.
3. Ferramenta que serve para realizar desenhos à mão livre.
4. Ferramenta para criar um efeito de *spray*.

5. Programa/aplicativo que permite a construção de desenhos simples.
6. Ferramenta para desenhar um círculo.
7. Ferramenta para desenhar uma linha reta.
8. Ferramenta para ampliar uma parte do desenho.
9. Ferramenta para digitar textos.
10. Ferramenta para pintar o desenho, similar ao objeto que usamos para pintar um quadro.
11. Ferramenta para desenhar uma linha curva.
12. Ferramenta para apagar/limpar uma área do desenho.

Confira a seguir as respostas das palavras cruzadas:

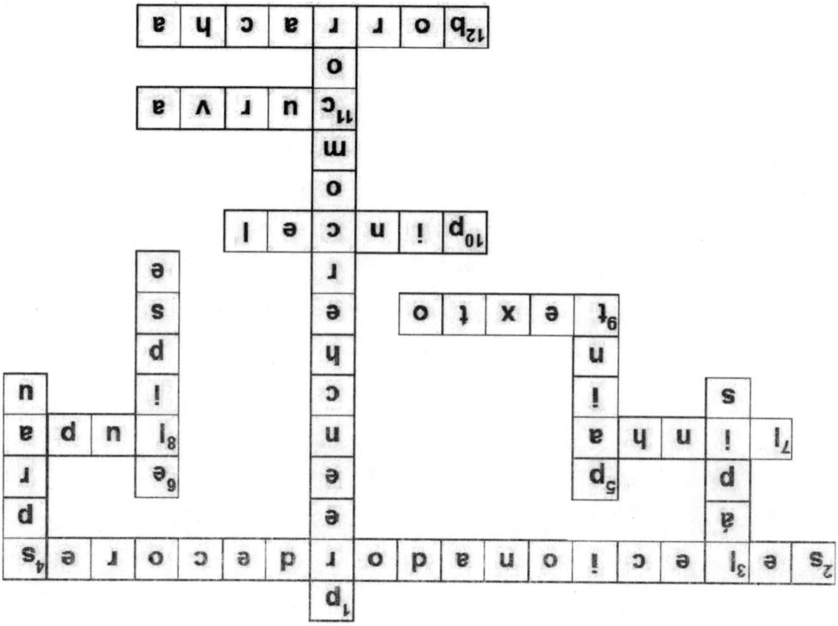

Capítulo 3

Editando e Formatando Textos

Oficina 3.1

A finalidade deste capítulo é dar a você algumas noções básicas dos recursos encontrados nos programas que permitem a edição de texto. Esses programas, em sua maioria, permitem formatar/modelar o texto no qual estamos trabalhando, selecionar o tipo, cor e tamanho das letras, colocar/inserir figuras, fotos ou tabelas, salvar seu texto, entre outras coisas.

Existem alguns programas/*softwares* que permitem a edição de textos no computador, tais como, Wordpad, bloco de notas, Word[1] [**pronuncia-se: uorde**] OpenOffice [**pronuncia-se: opeim ofici**], entre outros. Algumas dessas, apesar de serem de empresas diferentes, podem apresentar semelhanças na sua operação com as funções de formatação, botões e *layout* da tela.

Para praticar, vamos escrever/digitar alguns textos que abordam o tema **"Informática para a Terceira Idade, Estatuto do Idoso e Política Nacional do Idoso"**.
Para isso, utilizaremos o teclado e, em alguns momentos, usaremos o *mouse* para fazer uma seleção ou acessar o menu e as barras de ferramentas do editor de texto.

Você poderá utilizar um editor de texto para digitar receitas, cartas, livros, lembretes, avisos. O editor de texto que iremos utilizar nas oficinas deste capítulo será o programa *Word*™ (*Microsoft*).

[1]Word [pronuncia-se: uorde] - palavra inglesa que significa “palavra”.

Para acessar o programa Word Microsoft Office Word (editor de texto), clique no botão Iniciar, que está no canto inferior esquerdo do monitor e movimente o cursor do *mouse* até a palavra Todos os Programas, arraste o *mouse* até encontrar Microsoft Office Word e dê um clique. Veja agora a janela principal do Word. Observe bem os itens desta tela.

Veja agora a janela principal do *Word*. Observe bem os itens desta tela. Vamos observar mais de perto as barras de menus e de ferramentas do *Word*.

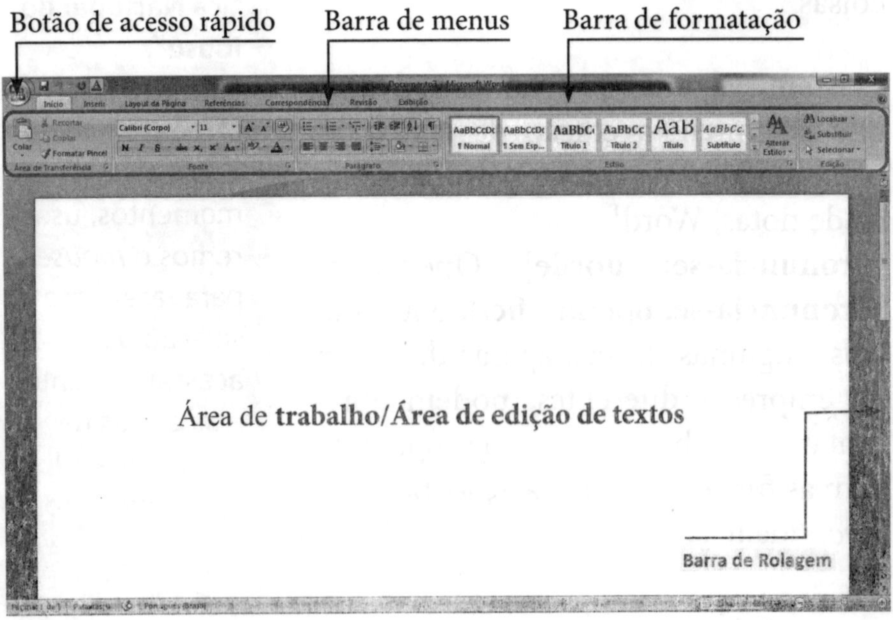

Vejamos agora os atributos de cada Barra:

Veja abaixo o detalhamento de cada item demonstrado no exemplo:

- Botão de acesso rápido

Este botão serve para as funções mais comuns, como, por exemplo, abrir, salvar e imprimir.

- Barra de menus

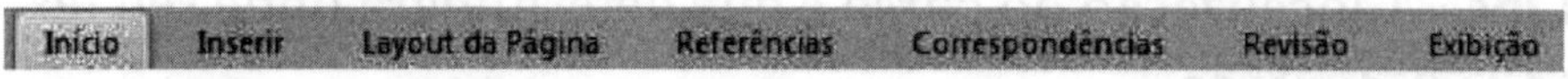

Esta barra contém os menus que dão acesso a todas às funções do *Word*.

- Barra de ferramentas de formatação

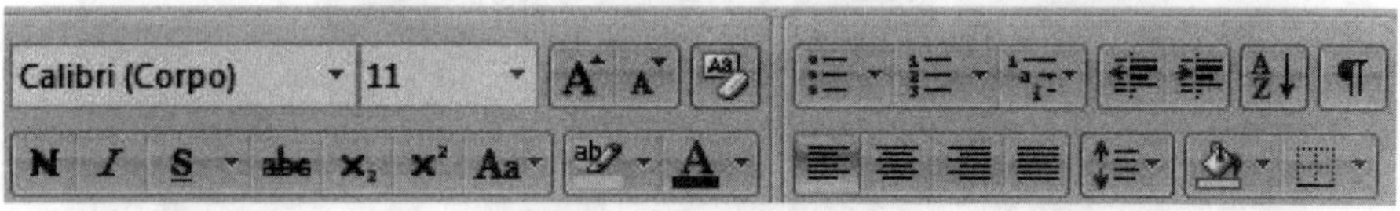

Permite aplicar os formatos básicos nas fontes e nos parágrafos sem acessar a **Barra de Menus.**

Agora que você conheceu as barras, vamos conhecer melhor o teclado.

O Que é Cursor?

Cursor é a indicação da posição do ponteiro do *mouse* na página. Sempre ficará piscando (indo e vindo), ele é bem delgado e tem cor preta, como neste exemplo " | ". Veja abaixo:

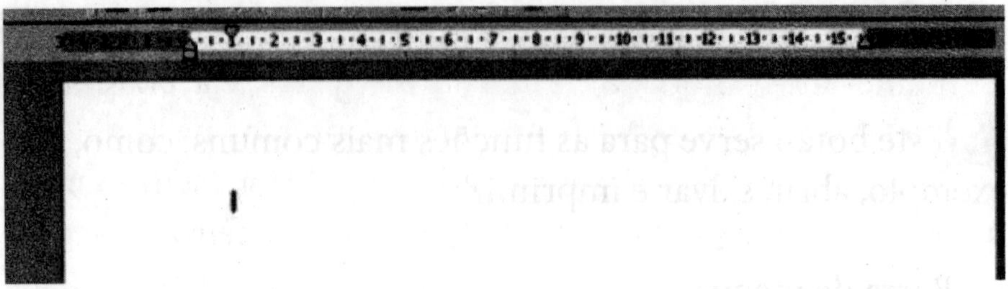

Obs.: A localização do curso é que determinará onde seu texto será digitado.

Conhecendo Melhor o Teclado

Fonte: http://www.tecmundo.com.br/2437-como-funciona-o-teclado.htm

1. Tecla *TAB [pronuncia-se: Tábi]* – ao ser pressionada, serve para tabular o texto, ou seja, deslocar todo o texto que está

à direita do cursor para a direita. Geralmente, é utilizada para definir o deslocamento para a direita dado na primeira linha de um parágrafo.

2. Tecla ***Shift [pronuncia-se: chífiti]*** – no caso das teclas correspondentes a letras, ela possibilita selecionar entre maiúscula (mantendo-a pressionada) e minúscula (**sem** mantê-la pressionada). Para outras teclas, ela possibilita a seleção entre os dois caracteres impressos na tecla, superior (mantendo-a pressionada) e inferior (sem mantê-la pressionada). No caso de haver um terceiro caractere impresso na tecla, a seleção desse terceiro caractere é feita por acionamento de alguma outra tecla, dependendo do modelo do teclado. Por exemplo: para digitar o asterisco (*) é necessário manter a tecla *Shift* pressionada, e simultaneamente, pressionar a correspondente ao número 8 (oito).

3. Tecla ***Backspace [pronuncia-se: béque-espeice]*** – ao ser pressionada, serve para apagar o caractere (letra) que está imediatamente antes (à esquerda) do cursor.

4. Tecla **barra de espaço** – ao ser pressionada, serve para incluir um espaço em branco entre os caracteres.

5. Tecla ***Enter [pronuncia-se: ênter]*** – ao ser pressionada, serve para realizar a quebra de linha, ou seja, para indicar que novos caracteres digitados serão inseridos numa nova linha. Se comparado com a máquina de escrever, pressionar essa tecla corresponde a avançar uma linha e retroceder o carro de impressão para o início de uma nova linha.

6. Tecla ***Home [pronuncia-se: rôme]*** – ao ser pressionada, leva o cursor para o início da linha.

7. Tecla ***End [pronuncia-se: ende]*** – ao ser pressionada, leva o cursor para o final da linha.

8. Tecla ***Insert*** **(Ins)** ***[pronuncia-se: insérte]*** – Em geral, quando digitamos um texto, os novos caracteres vão sendo inseridos na posição onde está o cursor e os caracteres que estão à direita do cursor (se houver) vão sendo deslocados/empurrados para a direita. Pressionando a tecla *Insert*, esse comportamento muda. Agora, cada caractere digitado irá sobrepor o caractere que está à direita do cursor. Para voltar ao normal, basta pressionar outra vez a tecla *Insert*.

Agora que você conheceu a janela principal do Word e suas barras, daremos continuidade à nossa oficina de edição de texto! Digite o texto a seguir, sem se preocupar com o alinhamento dos parágrafos.

Informática para a Terceira Idade

As oficinas de Informática para a Terceira Idade devem ser compostas por dinâmicas de grupo e usar diversas metáforas com o intuito de facilitar o aprendizado dos idosos para interagirem com o computador e suas ferramentas. Tanto as metáforas quanto as dinâmicas adotadas devem levar em conta o cotidiano do público-alvo, procurando relacionar os conteúdos abordados nas oficinas com o conhecimento empírico do dia a dia (Márcia Barros de Sales).

Agora que você digitou o seu texto, vamos formatá-lo, dando-lhe outra forma.

Formatando um Texto

Formatar é trabalhar o seu visual, definindo, por exemplo, a cor, tamanho, espaçamento entre linhas, alinhamento do texto e tipo de letra, que doravante chamaremos de "fonte".

Para formatar um texto, devemos sempre selecionar o parágrafo, a palavra, frases ou todo o texto. Leia atentamente algumas formas de selecionar um texto. Observe que, quando o texto está selecionado, ele fica com o fundo preto, como veremos em alguns exemplos a seguir.

Veja como podemos selecionar:

Selecionar **uma palavra**	Posicione o cursor do *mouse* em cima da palavra e clique o botão esquerdo dele duas vezes.
Selecionar **uma linha** de texto	Mova o ponteiro para a esquerda da linha até que ele assuma a forma de uma seta para a direita e clique.
Selecionar **várias linhas** de texto	Pressione o ponteiro esquerdo do *mouse* e, depois, arraste o *mouse* sobre o texto que deseja selecionar, para cima ou para baixo.

Agora que você aprendeu como se faz para selecionar um texto, vamos ao trabalho!

Atenção: Quando for solicitada a ação de dar um ou dois cliques com o mouse, na maioria dos casos, essa ação será realizada com o botão esquerdo do mouse.
Quando for para utilizar o botão direito iremos mencionar no texto.

→ Para **Tabular** o primeiro parágrafo, siga os passos:

1. Clique com o *mouse* na frente da palavra "As oficinas de Informática" e, em seguida, aperte, no teclado, a tecla com a seguinte figura TAB .

Para mudar a **fonte, estilo e tamanho** do título do texto, siga os passos:

1. Selecione todo o título.
2. Na barra de menus, clique em **Início**  e observe, nessa nova janela, que temos opções para trocar o **tamanho**, o **tipo** e o **estilo** da fonte.

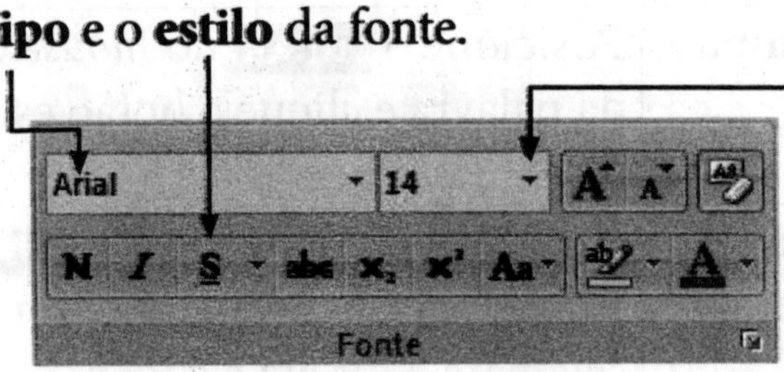

3. Escolha a fonte **Arial**, tamanho **16** e estilo da fonte **itálico**.

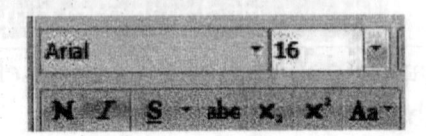

Observe as variações e as combinações na opção **estilo** da fonte que podemos fazer no texto:

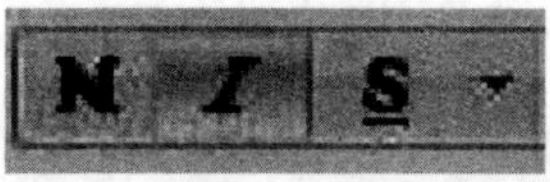

Negrito, *Itálico,* Sublinhado.

Pode-se, ainda, combinar esses estilos assim:

Negrito Itálico
Negrito Sublinhado
Itálico Sublinhado

Para alinhar os parágrafos do seu texto, siga os passos:

Selecione o parágrafo do texto que você quer alinhar com o *mouse.*

Depois, escolha (clique em) a forma como você quer alinhar o seu texto:

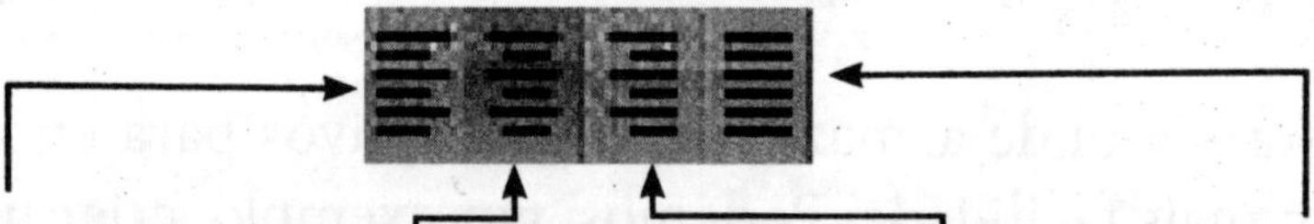

texto à **esquerda**, texto **centralizado**, texto à **direita**, texto **ajustado**.

→ Para **mudar a cor** do título do texto "Informática para a Terceira Idade", siga os passos:

1. Selecione somente o título.

2. Na barra de formatação, escolha a opção A, "cor da fonte", clique na seta, aguarde a paleta de cores abrir e escolha a cor desejada. Selecione a cor de sua preferência.

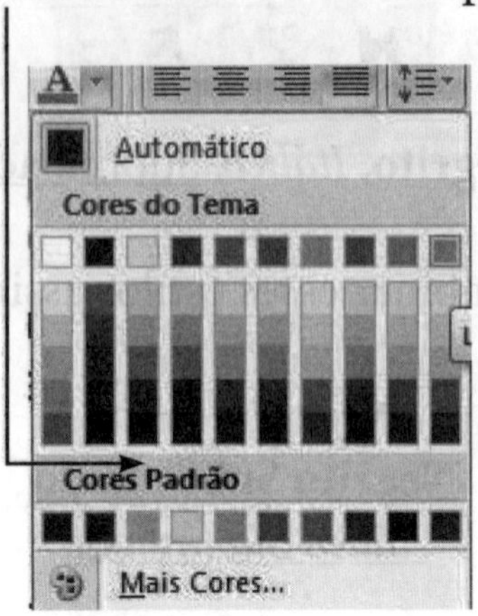

Entendendo o que é Arquivo e Pasta

Arquivo – é a forma como o computador salva as informações que digitamos para podermos acessá-las em outro momento. Essas informações podem ser armazenadas em forma de textos, imagens, figuras etc. São denominadas arquivos.

Pasta – é onde armazenamos os arquivos para encontrá-los com mais facilidade. Podemos, por exemplo, criar uma pasta com nosso nome e salvar todos os nossos arquivos (desenhos, textos, fotos) dentro dessa pasta.

Fazendo uma comparação entre o mundo real e o mundo virtual de Arquivo e Pasta.

<table>
<tr><th>Mundo real</th><th>Definições de Arquivo e Pasta</th></tr>
<tr><td>
</td><td>Arquivo é um tipo de móvel que serve para guardar pasta e dentro delas, documentos.</td></tr>
<tr><td>Mundo digital/virtual
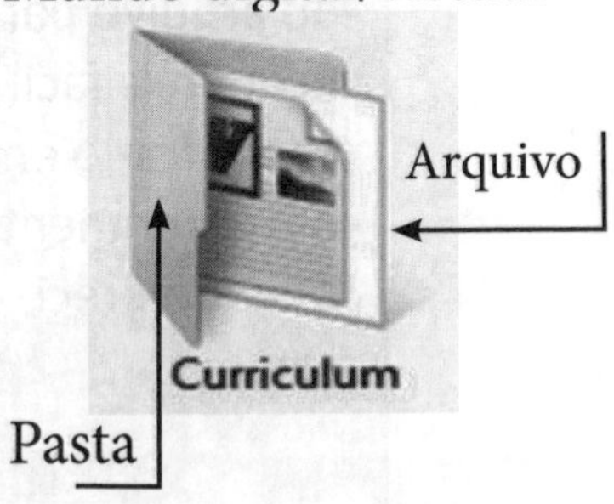
</td><td>No computador, os arquivos equivalem aos documentos, que podem ser textos, imagens, fotos etc. Esses arquivos são armazenados dentro de pastas. Ou seja, no mundo digital/virtual é ao contrário. Na maioria das vezes, o Arquivo estará dentro de uma Pasta.</td></tr>
</table>

Agora que você já sabe alguns conceitos, tais como, arquivo e pasta vamos criar uma pasta com seu nome para salvar seus arquivos.
Vamos ao trabalho!

Salvando seu Texto em um Arquivo

Então, como vimos, salvar é armazenar ou gravar as informações em um disco. Você também pode ter uma pasta com **seu**

nome e no item **Documentos**. Nesta oficina, iremos salvar o texto que ficará gravado/salvo no disco rígido do computador (HD), que é denominado de (C:\).

→ Para **salvar um arquivo/documento** no disco C:\, na pasta **Documentos**, siga os passos:

1. No botão do menu, clique em **Salvar como**.
2. Clique na pasta de documentos

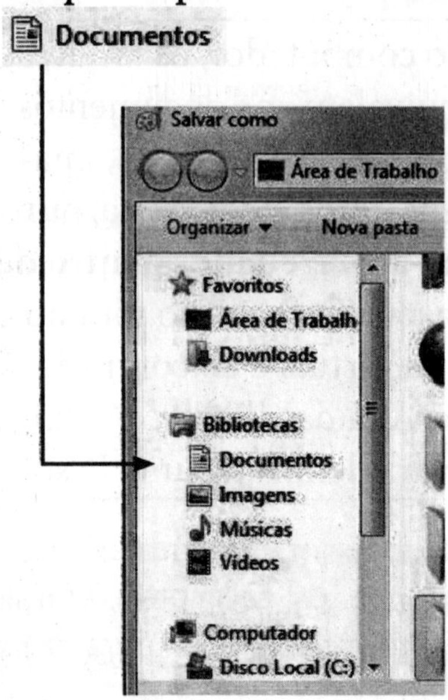

Atenção: Lembre-se de colocar sempre um nome relacionado ao conteúdo do arquivo para ficar mais fácil encontrá-lo em outro momento quando precisar.

3. Procure na tela ao lado a pasta com o seu nome e dê um clique com o botão esquerdo do *mouse*.

4. No item **Nome do Arquivo,** digite um nome para o documento, como, por exemplo, "exercicio1", e clique em Salvar.

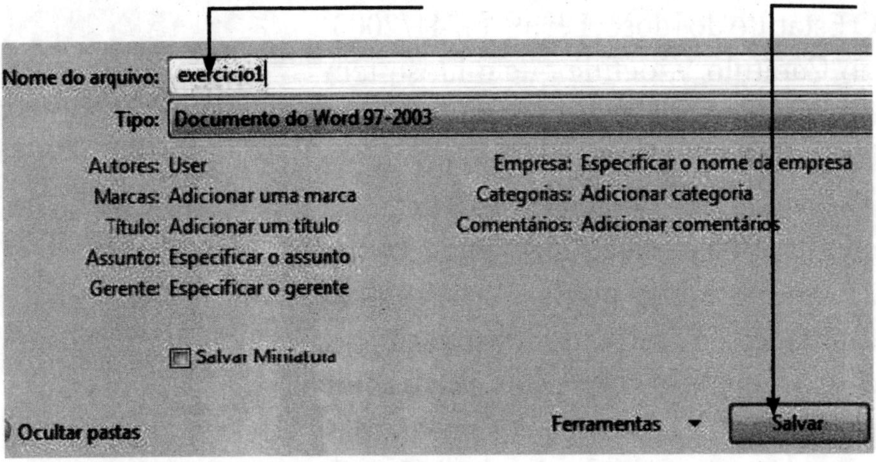

5. Agora, feche o arquivo. Para isso, posicione o mouse no canto superior direito da tela e clique no botão X.

Oficina 3.2

Para acessar o programa Word Microsoft Office Word, clique no botão Iniciar, que está no canto inferior esquerdo do monitor, movimente o cursor do mouse até a palavra **Todos os Programas**, arraste o mouse até encontrar Microsoft Office Word e dê um clique.

Digite o texto a seguir, sem se preocupar com o alinhamento dos parágrafos.

Estatuto do Idoso

O Estatuto do Idoso, Lei nº 10.741/2003, no Capítulo V, define que o idoso tem direito "à educação, cultura, esporte, lazer, diversões, espetáculos, produtos e serviços que respeitem sua peculiar condição de idade". Aduz, ainda, o Art. 21, que "o poder público criará oportunidades de acesso do idoso à educação, adequando currículos, metodologias e material didático aos programas educacionais a ele destinados" (Brasil, 2003).

Texto na íntegra: "Estatuto do Idoso" no site: <http://www.planalto.gov.br/ccivil_03/leis/2003/l10.741.htm>

Agora, vamos formatar o texto. Nesta atividade, você deverá pesquisar os conteúdos das oficinas anteriores para tirar dúvidas e rever os comandos que se encontram no menu e nas barras de formatação. Vamos ao trabalho!

Para formatar **tipo, tamanho, alinhamento** do texto, utilize a barra de formatação.

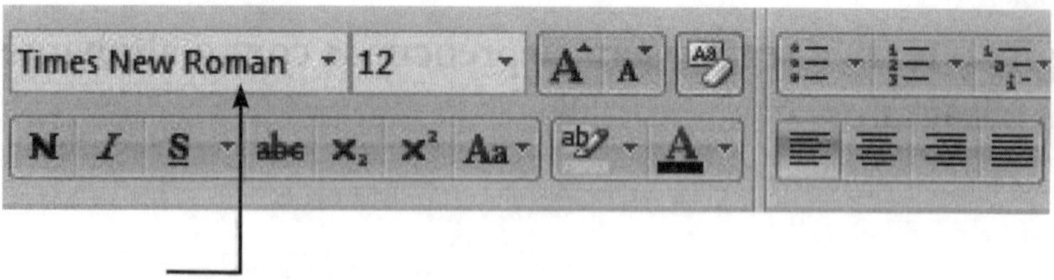

1. Mude o **tipo** da fonte de todo o texto.

2. Altere o **tamanho** da fonte do título.

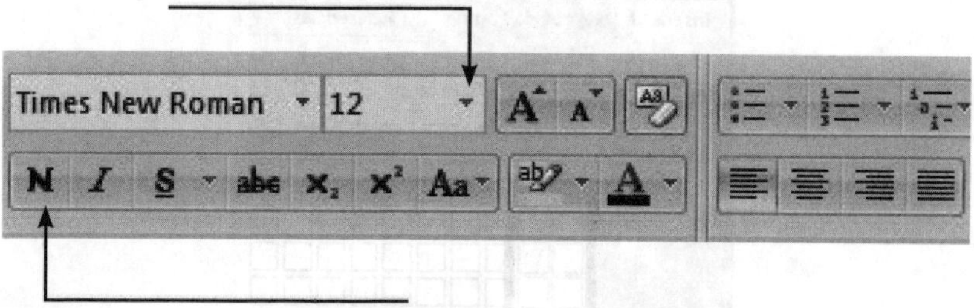

3. Coloque o título **em negrito.**

4. **Centralize** o título.

➔ Para **mudar a cor** do texto, siga os passos:

1. Selecione todo o texto.
2. Na barra de formatação, escolha a opção , "cor da fonte", clique na seta, aguarde a paleta de cores abrir e escolha a cor desejada.

➔ Para **inserir** uma tabela ao final do texto, siga os passos:

1. Na barra de menus, clique em **Inserir** e, depois, clique em **Tabela.**

2. Na janela que se abre, deslize o *mouse* sobre as grades de linhas e colunas e escolha: **colunas** = 2 e **n**úmeros de linhas = 5, como no exemplo a seguir.

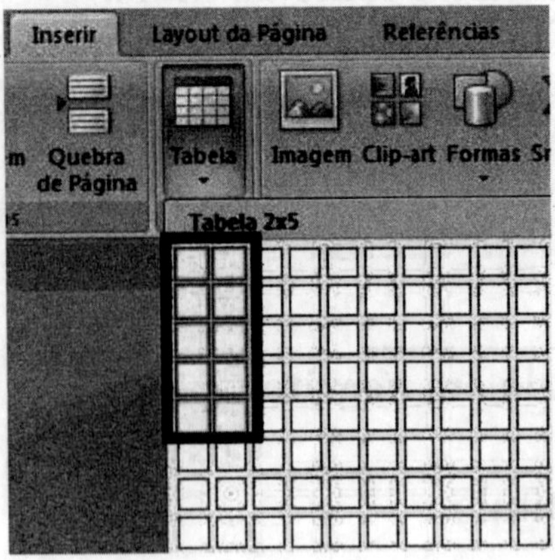

3. Agora, digite o texto a seguir dentro da tabela que você acabou de criar.

O que leva a maioria das pessoas a evitar a Internet	**A Internet pode proporcionar**
medo ou resistência	informações culturais, viagens, negócios, saúde etc.
pouco recurso financeiro	e-mail, bate-papo, videoconferência
falta de conhecimento	pesquisas diversas

→ Para **salvar o seu texto**, siga os passos:

1. Na barra de menus, clique no botão de acesso rápido  e, em seguida, clique em **Salvar como.** Aparecerá a seguinte tela:

2. No item **Salvar em**, procure C:\.
3. Dê um clique em **Documentos.**
4. Procure a pasta com o seu nome e dê um duplo clique com o *mouse* nela.
5. No item **Nome do arquivo:**, digite **exercício2.**

6. Clique em **Salvar.**

Agora, feche o arquivo. Na barra de menus, clique no botão de acesso rápido  e, em seguida, clique em **Fechar.** Ou posicione o *mouse* no canto superior direito da tela e clique no botão .

Agora, vamos imprimir o seu arquivo. Para isso, é necessário que você tenha uma impressora ligada e conectada ao seu computador.

→ Para **imprimir** o arquivo, siga os passos:

1. Observe se a impressora está ligada e se tem papel.

Atenção:
Quando for solicitada a ação de dar um ou dois cliques com o *mouse*, na maioria dos casos essa ação será realizada com o botão esquerdo do *mouse*.
Quando for para utilizar o botão direito, mencionaremos no texto.

2. Clique em **Arquivo** na barra de menus, em seguida, clique em **Imprimir.**

3. A seguinte tela será aberta:

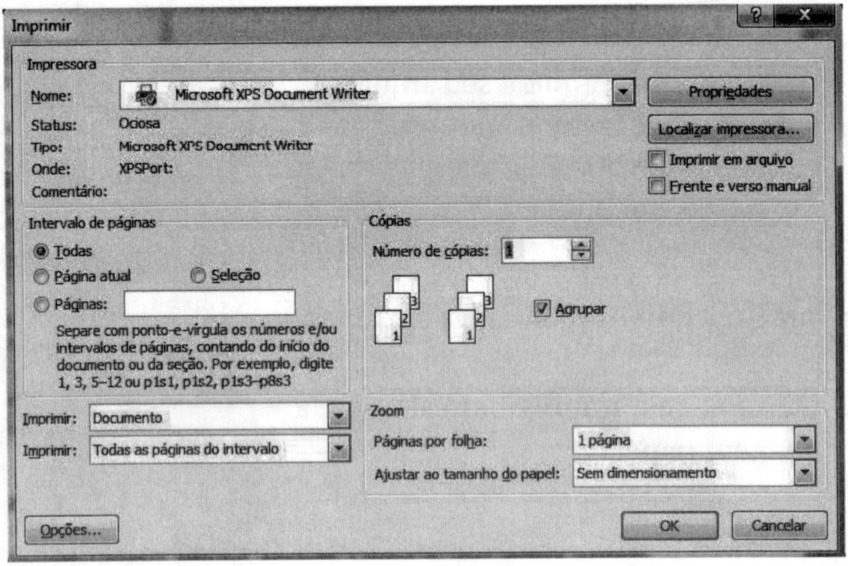

4. Para confirmar a impressão do seu documento, clique em OK.

5. Agora, feche o arquivo. Para isso, posicione o *mouse* no canto superior direito da tela e clique no botão X.

Oficina 3.3

Nesta oficina, abriremos o primeiro arquivo que você digitou, "Informática para a Terceira Idade", e salvou como exercicio1. Vamos continuar o trabalho!

Clique no botão Iniciar, que está no canto inferior esquerdo do monitor, e movimente o cursor do mouse até a palavra Todos os Programas, arraste o mouse até encontrar Microsoft Office Word e dê um clique.

Para abrir um texto que já foi digitado, siga os passos:

1. Na barra de menus, clique no botão de acesso rápido e, em seguida, clique em Abrir.

2. Procure em Documentos a sua pasta (com seu nome), clique duas vezes na pasta e procure o arquivo com o nome Exercício2.doc. Posicione o mouse em cima do nome e clique duas vezes.

Agora que você abriu o arquivo, vamos trabalhar!!
Digite o texto abaixo, "Politica Nacional do Idoso", no final do seu texto, sem se preocupar com o alinhamento dos parágrafos.

Política Nacional do Idoso

A Lei nº 8.842/1994, que dispõe sobre a Política Nacional do Idoso, estabelece que "a família, a sociedade e o Estado têm o dever de assegurar ao idoso todos os direitos da cidadania, garantindo sua participação na comunidade, defendendo sua dignidade, bem-estar e o direito à vida". A mesma lei prevê ações governamentais em diferentes áreas. Na área de educação, pressupõe o desenvolvimento de programas educacionais por meio de modalidades de ensino adequados às condições do idoso, além de discorrer sobre o apoio à criação de uma universidade aberta da terceira idade.

Texto na íntegra: "Política Nacional do Idoso" no site: <http://www.planalto.gov.br/ccivil_03/leis/l8842.htm>

Agora, vamos formatar o texto. Nesta oficina, você deverá pesquisar os conteúdos das oficinas anteriores para tirar dúvidas sobre como selecionar um texto e rever os comandos que se encontram no menu e nas barras de formatação. Vamos ao trabalho

→ Para **inserir uma figura** no final texto, siga os passos:

1. Posicione o *mouse* no texto, onde você quer colocar (inserir) a figura.

2. Na barra de menus, selecione **Inserir** e clique em **Clip-art** (veja a figura).

3. Na tela aberta abaixo, digite o que você deseja colocar no texto e clique em **Ir**. Escolha uma figura ou uma foto que você deseja colocar no seu texto dando um clique nela.

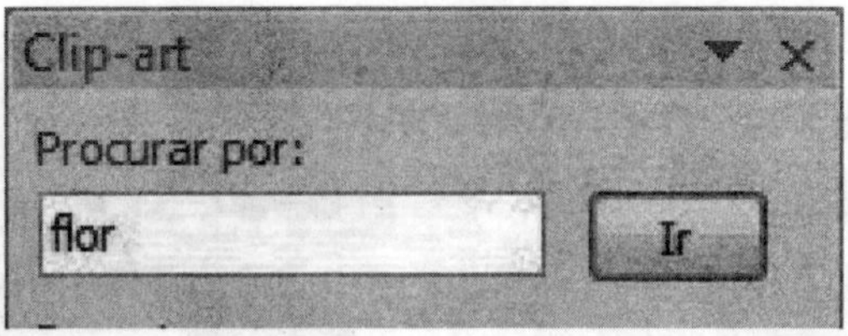

Você pode inserir outras imagens (foto, desenho próprio, figuras etc.) no seu texto. Para isso, é necessário que o material desejado esteja armazenado/gravado no seu computador ou em outra unidade de gravação.

Até agora, você salvou em C:\documentos, que está dentro do seu computador. Porém, temos outros meios externos de salvar o arquivo. Caso você tenha um pendrive ou um HD externo e queira salvar seus arquivos, siga os passos abaixo. Se você não tem nenhum dos dois, salve em c:\documentos, como nos exercícios anteriores.

Salvando um Texto do *Word* no *Pendrive* ou no HD Externo

Na oficina anterior, salvamos o texto digitado em um arquivo na unidade de disco rígido (HD), em C:\ Documentos. Nesta oficina, iremos salvar no *pendrive* ou no HD externo, que é representado pela unidade de disco E:\, F:\ ou G:\.

➔ Para **salvar um arquivo/documento** no *pendrive*, siga os passos:

1. Insira o *pendrive* em alguma das entradas (formato USB) do computador. Nos *desktops*, essas entradas se localizam na parte frontal ou traseira do gabinete. Nos *notebooks*, essas entradas geralmente se localizam nas laterais.

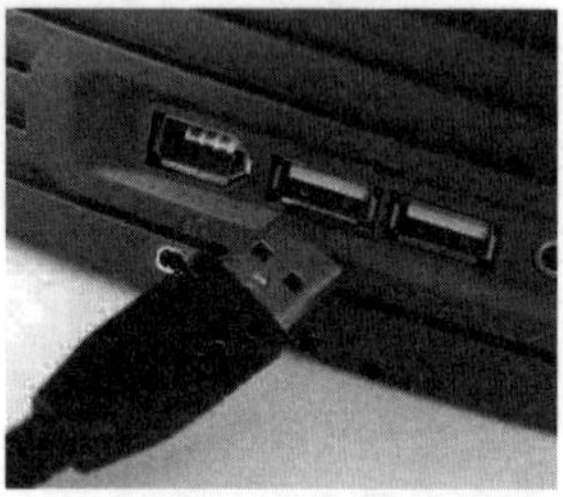

2. Na Barra de Menus, clique em **Arquivo** e, em seguida, clique em **Salvar como.**

3. Em seguida, procure por **Computador** e dê um clique.

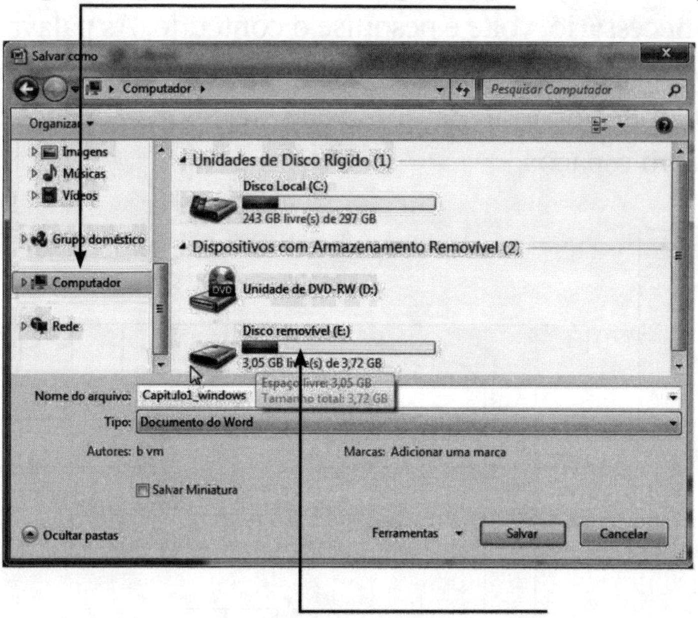

4. Observe que aparecerá **Disco removível**. Dê dois cliques nele ou clique uma vez e dê **Enter**.

5. Agora, digite, no item **Nome do Arquivo**, um nome para o documento (Ex.: exercício2).

6. Clique em **Salvar**.

Agora, feche o arquivo. Para isso, posicione o *mouse* no canto superior direito da tela e clique no botão .

Exercitando com Palavras Cruzadas

A partir dos conhecimentos adquiridos neste capítulo, tente resolver as palavras cruzadas abaixo. Utilize as pistas que estão abaixo das palavras cruzadas para descobrir a palavra correta. Se necessário, volte e pesquise o conteúdo. As palavras com espaços serão escritas sem espaço nas palavras cruzadas. Por exemplo: selecionador de cor ficará **selecionadordecor**, tudo junto e sem espaços.

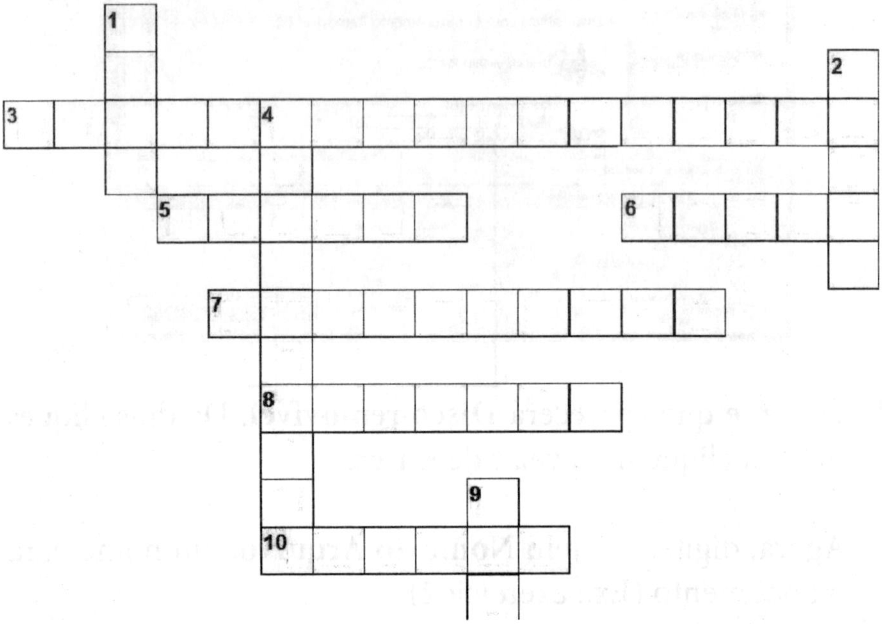

Pistas para auxiliar na descoberta das palavras:

1. Programa usado para editar/escrever textos.
2. Nome dos tipos de letras no *Word*.
3. Nome da barra que usada para formatar o texto (negrito, sublinhado, tamanho etc.).
4. Pasta mais indicada para salvar um documento ou um arquivo pessoal no computador.

5. Nome do botão localizado no canto superior direito da tela, representado por um 'x', que serve para finalizar o arquivo.
6. Programa que utilizamos para fazer desenhos.
7. Dispositivo de saída que usamos para imprimir documento.
8. Nome da ação utilizada para negritar palavras ou texto.
9. Tecla que serve para tabular um parágrafo do texto.
10. Nome da ação usada para armazenar texto ou arquivo no computador, *pendrive* ou HD externo.

Confira a seguir as respostas das palavras cruzadas:

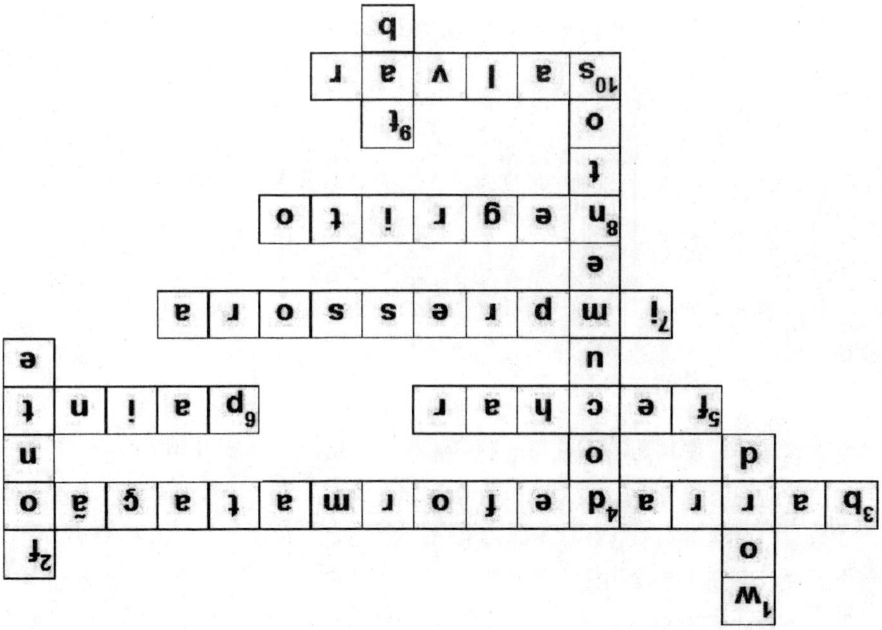

Capítulo 4

Navegando na Internet: Pesquisando e Consultando

Oficina 4.1

A finalidade deste capítulo é ajudar você a pesquisar ou fazer uma consulta na Internet. Com a proliferação das informações no espaço virtual, surgiu também a necessidade de utilizar programas que façam a tarefa de localizar as informações. Esses programas são denominados "buscadores de informações" ou fazem o "serviço de buscas" na Internet.

Existem programas/*softwares* que são denominados "Buscadores de Informações", tais como, *Google, Bing, Cadê, Aonde* etc. Esses programas são de empresas diferentes, mas podem apresentar algumas semelhanças nas suas operações de localização de informação específica, como, por exemplo, procurar por plantas medicinais, receitas culinárias, site de um laboratório, jornais, revistas, museus, empresas, órgãos do Governo, entre outros. O buscador de informações que utilizaremos nestas oficinas será o Goo*gle*™ (Google).
A partir desta atividade, você conhecerá algumas ferramentas de informação e comunicação utilizadas na Internet. Agora, vamos definir alguns conceitos.

O Que é Internet?

A Internet consiste em centenas de redes conectadas ao redor do mundo. Cada Governo, companhia ou organização é responsável por manter a sua própria rede. Os serviços de Internet *(www), World Wide Web* (Tela de Alcance Mundial), formam um sistema de informação disponível na Internet. Sua ideia básica é criar um planeta de informações sem fronteiras.

Navegador ou *Browser* [pronuncia-se brauze]

Para navegarmos na Internet, precisamos de um programa que possibilite essa navegação. Esse navegador permitirá o uso de alguns recursos da rede, tais como, o correio eletrônico,[1] transferência de arquivos, pesquisa etc. Há, no mercado, vários navegadores. Por exemplo: *Mozilla Firefox, Google Chrome, Internet Explorer, Netscape Communicator,* etc.

Em nossas oficinas, utilizaremos o Browser Mozilla Firefox. Porém, todos os outros navegadores oferecem serviços muito semelhantes ao Mozilla Firefox. Em casa, use o navegador que você preferir.

Navegador	Nome
	Mozilla Firefox
	Google Chrome
	Internet Explorer
	Netscape Communicator

Utilizaremos como navegador o *Mozilla Firefox*, que tem o seguinte ícone . Para iniciarmos uma pesquisa ou consulta na Internet, precisamos de um programa que faça essa tarefa. É denominado buscador de informações na Internet, entre os quais, destaca-se o **Google**[2] **[pronuncia-se Gu-gol]**.

[1] E-mail ("Electronic mail" ou, traduzindo literalmente, correio eletrônico).
[2] Google é um site de busca utilizado para fazer pesquisas e consultas globais.

Se você tem outro navegador no seu computador como, por exemplo, Internet Explorer ou Google Chrome, fique tranquilo, pois todos os passos a seguir você poderá executar, visto que os comandos são muito similares.

Agora, iremos consultar na Web e com o buscador de informações **Google**, você pode:

- Pesquisar/consultar na Internet sobre diversos assuntos;
- Procurar imagens e figuras;
- Traduzir páginas da *Web* etc.

Atenção: Para acessar qualquer "Buscador de informação" como o Google, é imprescindível acessar um "navegador" como o Mozilla, Internet Explorer etc.

Acessando e Pesquisando no Google

Na área de trabalho, procure o ícone Mozilla Firefox ou se preferir, Internet Explorer e posicione o mouse em cima da figura (ícone). Clique uma vez e tecle Enter (teclado) ou, se preferir, clique rapidamente duas vezes nesse ícone. Ao abrir a nova janela, localize no canto esquerdo da tela o campo Endereço, então, digite www.google.com.br.[3]

[3] **Aviso**: Todos os endereços da Internet devem ser escritos com letras minúsculas, sem espaço, sem acento nem cedilha.

Dica: todos os endereços na internet são separados por "." (ponto).

1. Observe que surgirá uma tela parecida com a demonstrada a seguir. Repare que o cursor estará piscando e posicionado no **campo de pesquisa**. Observe no exemplo:

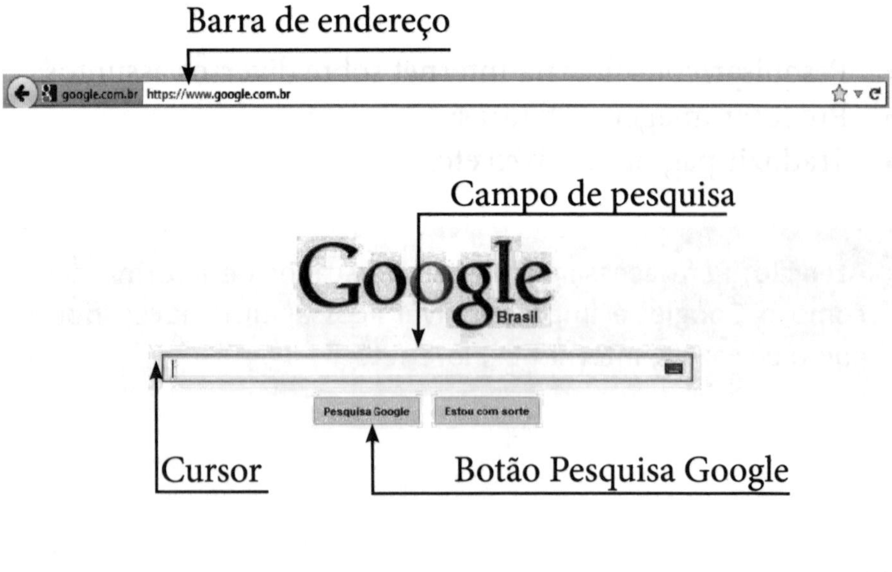

2. Para fazer uma pesquisa sobre qualquer assunto, dê um clique no campo de pesquisa onde está posicionado o **cursor**.

> No campo de pesquisa, você pode digitar o conteúdo desejado para ser procurado na Internet (exemplo: receitas, cidades, museus, política, esporte, voluntariado, estatuto do idoso etc.).

Vamos pesquisar agora!

➔ Para pesquisar/consultar um conteúdo no *Google*, siga os passos:

1. Digite a palavra **Estatuto do idoso** no campo de pesquisa e dê um clique no botão **Pesquisa Google.**

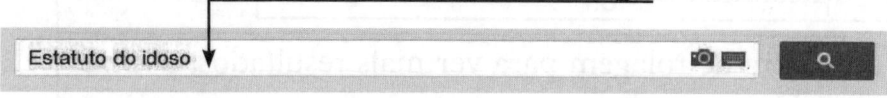

2. Observe que aparecerá uma janela com alguns resultados parecidos, conforme o exemplo abaixo. O que está em cor **preta** é um breve resumo da página relacionada ao *link*. O que está em cor **verde** é o endereço na Internet.

3. Para acessar o conteúdo de uma página, você sempre deve clicar em um nome/título que está na tela com <u>cor azul e sublinhado.</u>

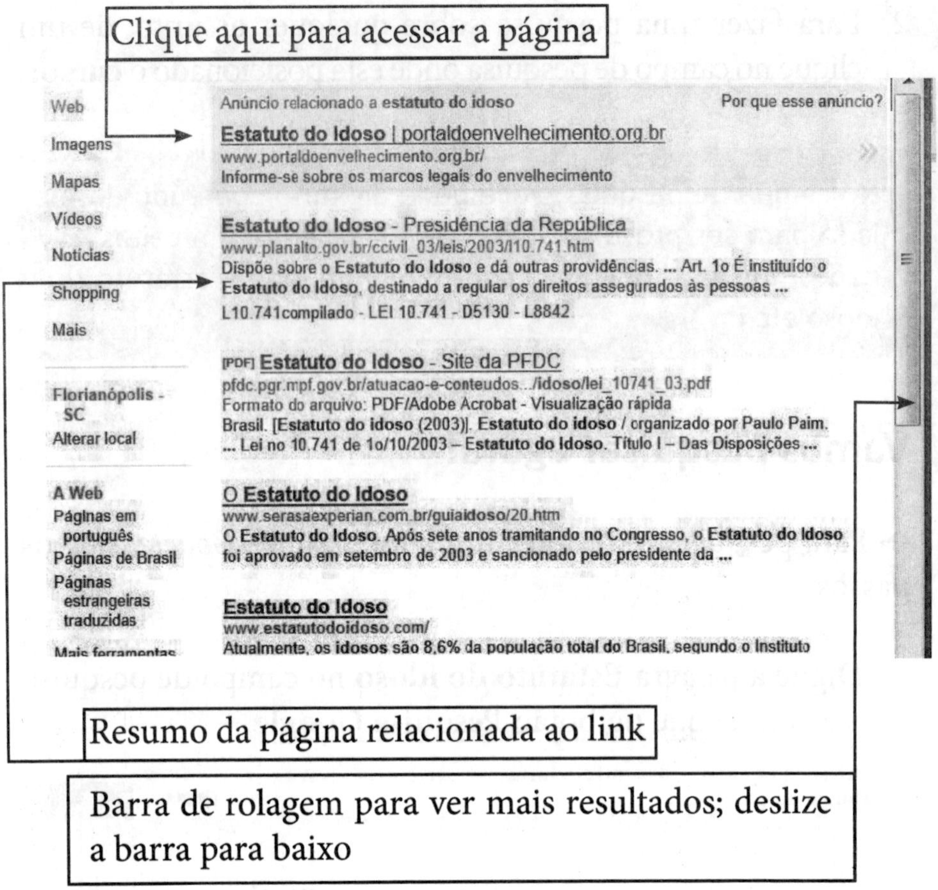

→ Para **acessar um dos resultados** da sua pesquisa/consulta, siga os passos abaixo:

1. Clique uma vez no *link* do site/página, que está em **cor azul**. Repare que, ao posicionar o *mouse* perto do *link*, aparecerá uma “mãozinha”, , indicando que você pode acessar.

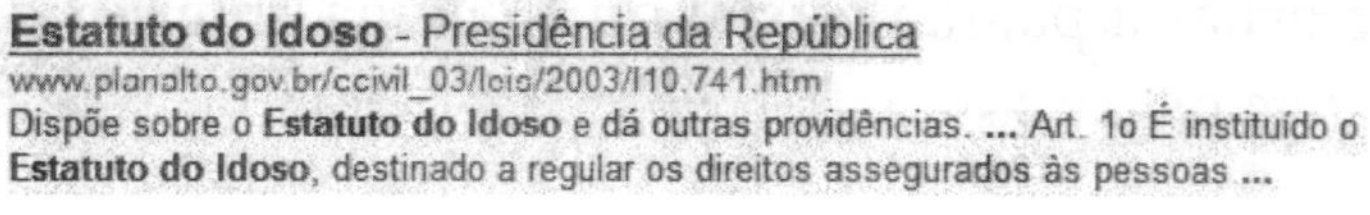
Estatuto do Idoso - Presidência da República
www.planalto.gov.br/ccivil_03/leis/2003/l10.741.htm
Dispõe sobre o Estatuto do Idoso e dá outras providências. ... Art. 1o É instituído o
Estatuto do Idoso, destinado a regular os direitos assegurados às pessoas ...

→ Para ver as outras páginas com os resultados da sua pesquisa, siga os passos:

1. Utilize a barra de rolagem (que está no canto direito da tela do computador) para descer até o final da página.

2. No final da página, aparecerão alguns números em sequência (1 2 3 4 5 6...). Cada número é uma nova página com outros links diferentes ou com outros resultados da sua pesquisa. Por exemplo: Se você já viu todos os resultados ou links da primeira página, poderá acessar outros resultados, como, por exemplo, os da Página 4. Para isso, você deve posicionar o mouse em cima do número 4 e clicar uma vez. E assim sucessivamente.

Atenção: Quando for solicitada a ação de dar um ou dois cliques com o *mouse*, na maioria dos casos essa ação será realizada com o botão esquerdo do *mouse*. Quando for para utilizar o botão direito, mencionaremos no texto.

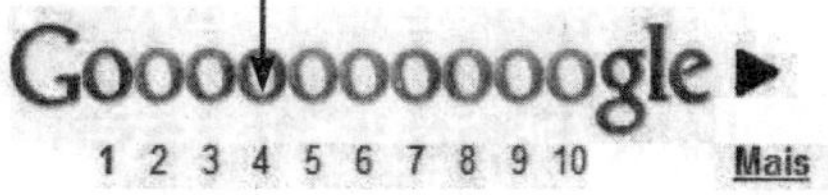

→ Para retornar à página inicial ou à página anterior da sua pesquisa, siga os passos:

1. Na barra de botões localizada na parte superior esquerda da tela, localize o botão **Voltar** . Repita essa operação até retornar à página desejada. Veja o exemplo a seguir.

Oficina 4.2

Buscando Imagem e Copiando Texto da Internet

→ Para consultar imagens na Internet, utilizaremos o Google Siga os passos:

1. Na área de trabalho, procure o ícone Mozilla Firefox  ou, se preferir, Internet Explorer . Clique uma vez e tecle Enter (teclado). Se preferir, clique rapidamente duas vezes nesse ícone. Ao abrir a nova janela, localize, no canto superior esquerdo da tela, o campo Endereço, então, digite: www.google.com.br.

2. No campo de pesquisa, digite **Estatuto do idoso**.

3. Clique na aba **Imagens** e clique em pesquisar .

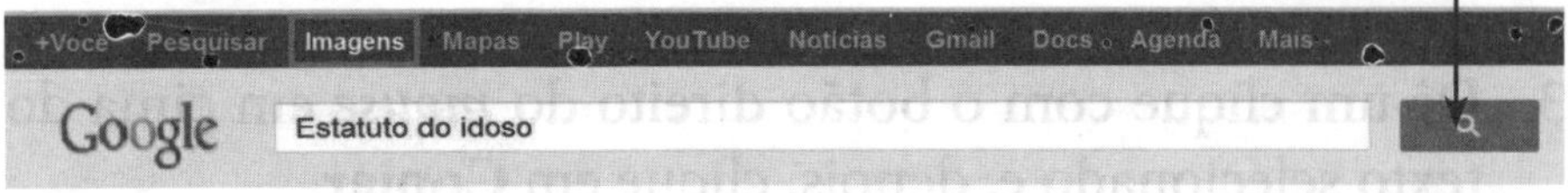

4. O procedimento para ver imagens é parecido com a pesquisa que fizemos na oficina anterior. Veja abaixo o resultado da nossa pesquisa para "Estatuto do idoso".

5. Escolha a imagem desejada e dê um clique nela para visualizá-la.

→ Para **copiar um texto da Internet** para dentro do editor de texto (como, por exemplo, o *Word*):

1. Acesse o site e localize o texto que você deseja copiar.

2. Selecione o texto que você quer copiar. (Ver Capítulo 3, Oficina 3.1)

3. Dê um clique com o botão direito do *mouse* em cima do texto selecionado e, depois, clique em **Copiar**.

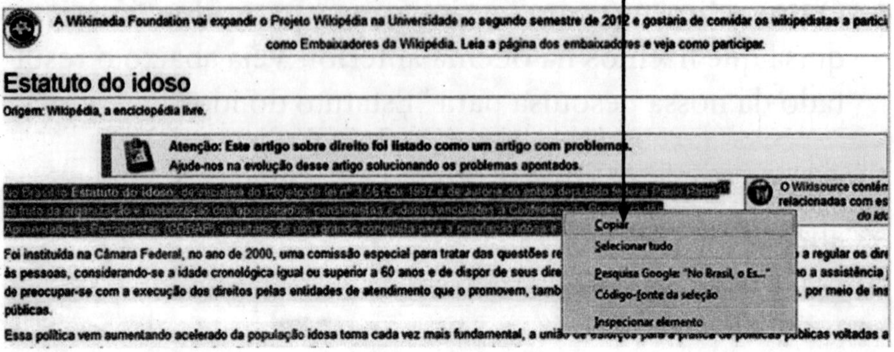

4. Abra o editor de texto *Word*. (Ver Capítulo 3, Oficina 3.1)

5. Após abrir o Word, na sua barra de menus, na aba Início, escolha a opção Colar ou dê um clique com o botão direito em cima da folha branca no *Word* e escolha a opção para colar.

6. Observe que o conteúdo que estava na Internet agora está dentro do editor de texto.

7. Salve o arquivo de texto no *Word*. Clique na barra de menus em **Arquivo** e **Salvar como**, escolha a pasta e um nome para salvar seu arquivo de texto, e clique em **Salvar**. Agora, feche o editor de texto *Word* e clique em **Arquivo** e **Fechar**.

Oficina 4.3

Listagem de Sites Interessantes e Úteis

Nesta oficina, acessaremos vários sites com diferentes enfoques. Veja a lista a seguir e acesse as páginas de seu interesse!

Aviso: Todos os endereços da Internet devem ser escritos com letras minúsculas, sem espaço, sem acento nem cedilha.

Alguns sites interessantes:

Endereço	Conteúdo
www.google.com.br	Permite vários tipos de pesquisas nacional e internacional
www.wikipedia.org	Enciclopédia digital
www.youtube.com	Permite que você assista a vídeos no formato digital e compartilhe com outras pessoas.
www.ufsc.br	Universidade Federal de Santa Catarina
www.globo.com	Jornalismo, novela, entretenimento
http://anamariabraga.globo.com/	Site Ana Maria Braga.

http://iesbeadmatkno.wordpress.com/2012/10/08/etiqueta-na-internet/ 33	Dicas de etiqueta na Internet
www.climatempo.com.br	Previsão do tempo
www.folha.com.br	Jornal Folha de São Paulo
http://diariocatarinense.clicrbs.com.br/sc/	Jornal local de Florianópolis
www.submarino.com.br	Loja on-line – compras pela Internet
www.americanas.com.br	Loja on-line – compras pela Internet
www.turmadamonica.com.br	Site infantil
www.humortadela.com.br	Diversão/piadas
www.velhosamigos.com.br	Terceira idade
www.neti.ufsc.br	Núcleo de Estudos da Terceira Idade - UFSC
www.reclameaqui.com.br	Exponha suas reclamações sobre produtos, serviços e atendimento de qualquer empresa e receba as respostas de forma rápida
www.binhobarreiros.com	Site do designer gráfico Binho Barreiros

Alguns sites úteis:

Endereço	Conteúdo
www.receita.fazenda.gov.br	Receita Federal
www.caixa.gov.br	Caixa Econômica Federal
www.bb.com.br	Banco do Brasil
www.previdencia.gov.br	INSS
www.tj.sc.gov.br	Tribunal de Justiça de Santa Catarina
www.estadao.com.br	Jornal O Estado de São Paulo
www.correios.com.br	Site dos Correios
www.angeloni.com.br	Supermercados Angeloni
http://www.jfsc.jus.br	Justiça Federal
www.bn.br	Biblioteca Nacional
www.detran.sc.gov.br	Departamento de Trânsito
www.ssp.sc.gov.br	Secretaria de Segurança Pública
www.estatutodoidoso.com	Estatuto do Idoso
http://www.radiojustica.jus.br/	Rádio Justiça - A voz do Brasil
www.clicrbs.com.br	Jornal DC
www.sea.sc.gov.br	Secretaria de Estado da Administração de Santa Catarina
www.radio.ufsc.br	Rádio Ponto - UFSC
radioclick.globo.com	Rádio na Internet (vários tipos de músicas)
radio.musica.uol.com.br	Rádio na Internet.

Oficina 4.4

Acessando e Assistindo a um Vídeo no Youtube

➔ Para acessar e assistir a um vídeo no Youtube, siga os passos:

1. Na área de trabalho, procure o ícone Mozilla Firefox ou, se preferir, Internet Explorer. Clique uma vez e tecle Enter (teclado). Se preferir, clique rapidamente duas vezes nesse ícone. Ao abrir a nova janela, localize no canto esquerdo da tela o campo Endereço e digite: www.youtube.com

2. Aguarde até o site do Youtube ser aberto no seu navegador.

3. Agora, você só precisa digitar no campo de pesquisa do Youtube o nome do assunto que procura. Por exemplo, digite aprenda tricô e dê um Enter (teclado).

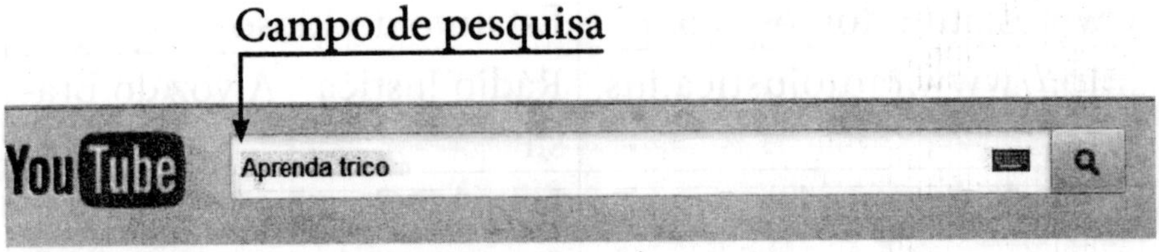

Veja o resultado da pesquisa na tela seguinte:

4. Agora, você precisa escolher a qual vídeo deseja assistir e para isso, leia atentamente o título do vídeo, em seguida, dê um clique com o botão esquerdo do *mouse* no título do vídeo escolhido.

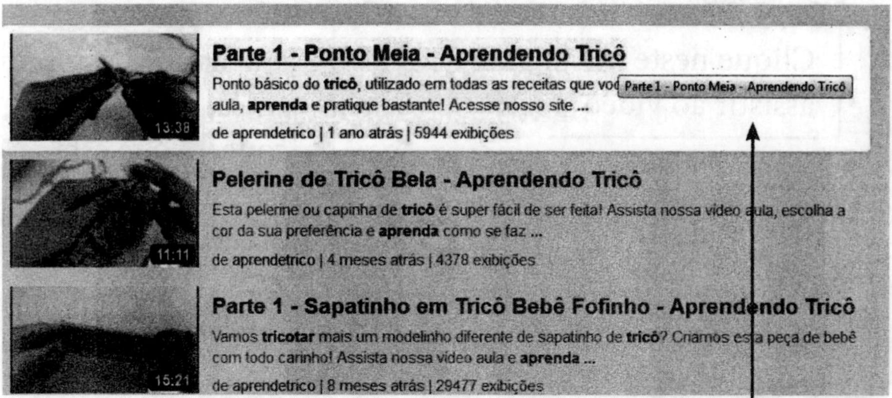

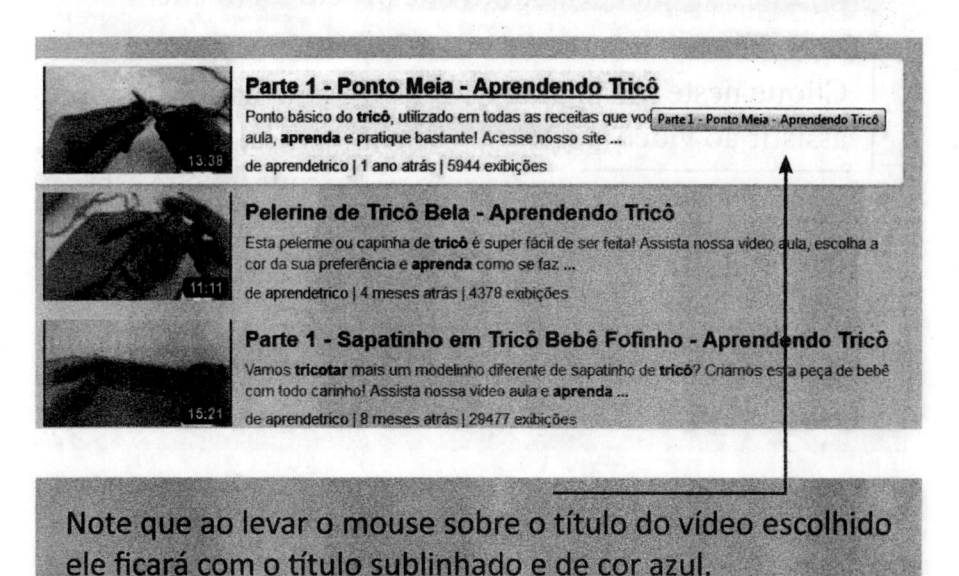

Note que ao levar o mouse sobre o título do vídeo escolhido ele ficará com o título sublinhado e de cor azul.

5. Após clicar no título do vídeo, será aberta outra página e o vídeo que você escolheu será carregado. Veja:

Ao lado, serão mostrados outros vídeos sobre o assunto, que você digitou. No caso, aprendendo tricô. Para vê-los, clique na imagem ou no título do vídeo.

Clique neste botão para assistir ao vídeo

Para ampliar a janela, clique no ícone ■ que está no canto inferior direito.

> Agora que você já sabe acessar um vídeo no Youtube, vamos sugerir alguns temas para serem pesquisados. Vamos ao trabalho!

Para pesquisar os seguintes temas, volte e faça o passo a passo mostrado anteriormente. Mas, agora, você pesquisará assuntos diferentes.

Temas a serem pesquisados:

- Como se joga canastra;
- Nelson Gonçalves;
- Como fazer bolinhos de chuva;
- Como fazer nó de gravata;
- Como abrir uma mala.

Você também pode pesquisar outros assuntos de sua preferência, tais como, vídeos engraçados, vídeos de programas, clipes musicais, documentário de animais, filmes etc.

Oficina 4.5

Navegando na Internet com Mais Segurança

Quando navegamos pela Internet, é necessário que tenhamos alguns cuidados. A OABSP lançou em 2010 algumas dicas:

1. **A privacidade na Internet:** Cuidado sobre o que pode ser compartilhado, pública e abertamente, a respeito da sua vida, sem exigir confiança e segredo. O uso descuidado da Internet, que pode ser facilmente acessada por qualquer pessoa e que tem grande poder de disseminação, aumenta a possibilidade de as informações sobre sua vida serem desrespeitadas, deturpadas ou alteradas.

2. **Liberdade de expressão X Violação do direito alheio:** A boa notícia é que a maioria dos provedores de acesso à Internet mantém registrada grande parte dos acessos que

o usuário faz. Portanto, (é bom que isso fique bem claro!) tudo o que é feito nos meios eletrônicos pode ser registrado, de modo que se torna possível identificar quem age por trás de uma tela de computador.

1. **Crimes na Internet:** O avanço tecnológico tem proporcionado o incremento dos crimes comuns (furto, estelionato, ameaça, extorsão, pornografia infantil etc.), de forma a possibilitar que os delitos virtuais cresçam na mesma proporção desse avanço tecnológico. Portanto, tenha claro que determinadas condutas, ainda que realizadas através da Internet, podem ser consideradas crimes.

2. **Crimes de preconceito de raça ou cor**: Os comentários discriminatórios na Internet são considerados crime de injúria por preconceito, da mesma forma como outros tipos de ações, tais como, induzir à discriminação através da Internet e outros.

3. **Crimes contra o Direito Autoral:** Troca de músicas e vídeos pela Internet ao "baixar" ou compartilhar músicas, vídeos e outros conteúdos sem autorização. A pessoa que o faz está violando os direitos do autor dessas obras.

4. **Cyberbulling:** Disseminar fofocas, caçoar do físico e da aparência de alguém, além de desmoralizar pessoas em razão de suas características físicas, religião, etnia, preferências etc. Essas práticas ficaram conhecidas como *cyberbulling*, termo este entendido como todos os atos de agressão física ou psicológica.

5. **Pornografia infantil:** O número de páginas disponibilizadas na Internet sobre pornografia infantil tem aumentado assustadoramente nos últimos anos, a ponto de se tornar uma questão de segurança pública. A Organização das Nações Unidas define pornografia infantil como "a exibição, por quaisquer meios, de uma criança envolvida em atos sexuais explícitos, reais ou simulados, ou qualquer exposição da genitália da criança com intenção libidinosa".

6. **Responsabilidade civil e da escola:** Quando o ato ilícito for cometido por menor de idade, seus pais poderão responder pelos atos do filho. Além disso, caso o menor de idade utilize o computador de sua escola para cometer o ato ilícito, esta poderá ser obrigada a reparar a vítima pelo ato cometido por seu aluno.

Disponível em: http://www.oabsp.org.br/comissoes2010/direito-eletronico-crimes-alta-tecnologia/cartilhas/ acesso em: 10/10/12

Exercitando com Palavras Cruzadas

Com base nos conhecimentos adquiridos neste capítulo, tente resolver as palavras cruzadas a seguir. Para descobrir a palavra correta, se necessário, volte e pesquise o conteúdo.

É importante que você leia a cartilha "Recomendações e boas práticas para o uso seguro da Internet para toda a família" na integra no site: http://www.oabsp.org.br/comissoes2010/direito-eletronico-crimes-alta-tecnologia/cartilhas/cartilha_internet.pdf/view.

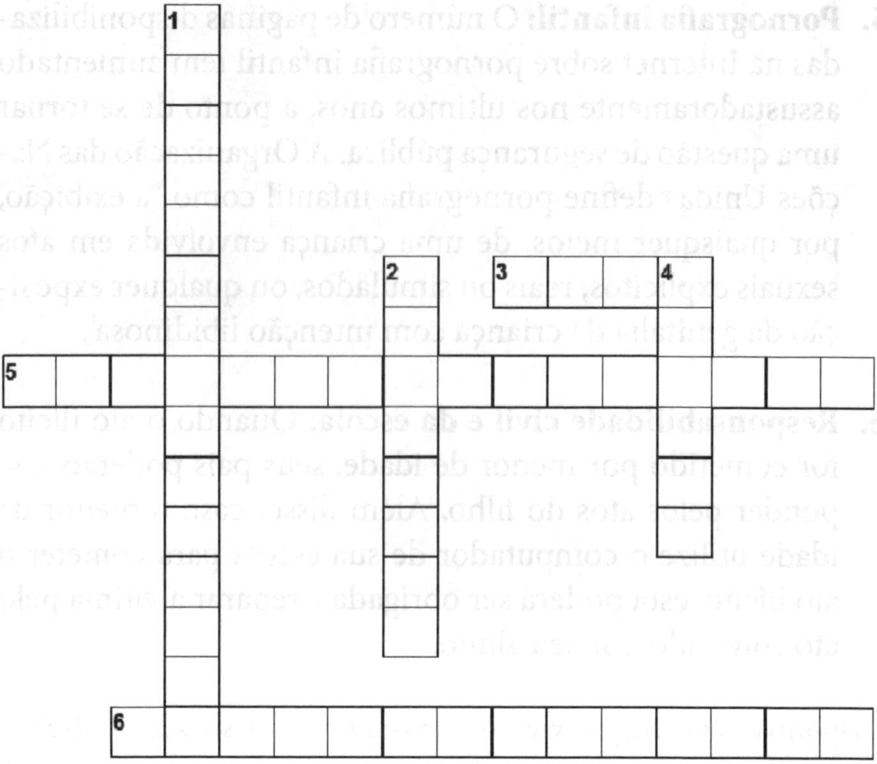

Pistas para auxiliar na descoberta das palavras:

1. Nome da barra onde é digitado o endereço do site desejado. Exemplo: www.google.com.
2. Palavra que completa a frase: A __________ consiste em centenas de redes conectadas ao redor do mundo.
3. Nome de outro site utilizado para pesquisar na Internet e que começa com a letra B.
4. Nome em inglês do site utilizado nas oficinas para fazer pesquisas na Internet.
5. Nome do navegador de Internet representado pela letra e de cor azul.

6. Nome do navegador utilizado em nossas oficinas.

Confira a seguir as respostas das palavras cruzadas:

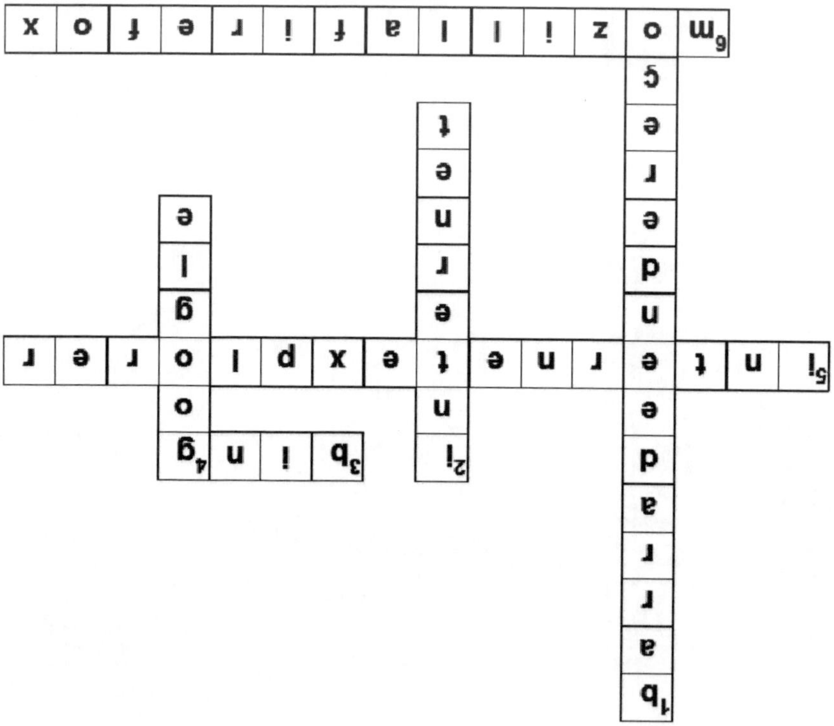

Capítulo 5

Correio Eletrônico (*e-mail*) e Gmail

Oficina 5.1

A finalidade deste capítulo é fazer com que você conheça uma ferramenta de comunicação e informação bastante utilizada na Internet: o correio eletrônico ou, em inglês, ***e-mail*** **[pronuncia-se: é-meio]**.

O *e-mail* é uma ferramenta de comunicação similar ao correio tradicional. Quando enviamos uma correspondência, precisamos informar o endereço correto do destinatário para que o carteiro possa entregar a correspondência.

No *e-mail* também informamos o endereço do destinatário para que o "carteiro virtual" possa entregar sua mensagem/ correspondência.

As mensagens serão entregues em uma "caixa postal virtual" para que posteriormente o destinatário possa pegá-las (acessá-las/abri-las).

Essa comunicação não é simultânea, ou seja, se você enviar um *e-mail* (mensagem), esse só será lido quando o destinatário acessar a "caixa postal virtual" dele.

Algumas Vantagens de Utilizar o *E-mail* ou o Correio Eletrônico

- A mensagem enviada chega em minutos ou segundos na caixa postal do destinatário, em qualquer parte do mundo;
- Você não paga por *e-mail* enviado ou recebido;
- Permite o envio de mensagens para muitas pessoas ao mesmo tempo;
- Permite o envio de arquivos anexados, tais como, fotos, imagens, planilhas, documentos etc.

Geralmente, o endereço de um e-mail é constituído da seguinte maneira: seunome@nomedominio.

Existem vários **domínios** - tudo que é indicado depois do @ - na Internet que ajudam a identificar os computadores que a ela estão ligados:

@gmail.com	@zipmail.com	@yahoo.com.br
@uol.com.br	@hotmail.com	@terra.com.br etc.

Existem diferentes extensões. Veja o significado de algumas:

Extensão	Descrição
.com	página/*site* comercial (ex: www.estadao.com.br)
.gov	página/*site* do Governo (por exemplo: www.receita.fazenda.gov.br)

.br	página/*site* no Brasil (por exemplo: www.ufsc.br)
.fr	página/*site* na França (por exemplo:www.irit.fr)
.au	página/*site* na Austrália
.pt	página/*site* em Portugal

O domínio de *e-mail* que vamos utilizar nas oficinas será o **Gmail** [**pronuncia-se:g-meio**].

A escolha desse provedor se deu pelos seguintes motivos:

- é gratuito;
- é mais legível;
- favorece a condução do usuário;
- oferece serviço de bate-papo (Gtalk - conversa em tempo real usando a Internet).

Com o Gmail você pode:

- receber e abrir mensagens;
- compor uma nova mensagem;
- responder e encaminhar mensagens;
- excluir mensagens;
- conversar no bate-papo com seus amigos.

Objetivos das oficinas:

- Criar uma conta no Gmail;
- Acessar o *e-mail*;
- Verificar e ler as mensagens recebidas;
- Abrir arquivos anexados.

Vamos ao trabalho!

Abrindo uma Conta de *E-mail* no Gmail

➔ Para criar uma conta (domínio) no Gmail, siga os passos:

1. Para acessar o correio eletrônico ou seu e-mail, você precisa de um domínio. Para isso, clique no botão Iniciar, que está no canto inferior esquerdo do monitor, movimente o cursor do mouse até a palavra Todos os Programas, arraste o mouse até encontrar Mozilla Firefox e dê um clique. Se preferir, procure na sua área de trabalho (desktop) o ícone ou e clique duas vezes rapidamente nele ou dê um clique e aperte a tecla Enter. Observe a janela que irá abrir.

2. Na parte superior da janela, existe um ícone que representa o Mozilla Firefox. Se você estiver usando o Internet Explorer, irá aparecer o seguinte ícone:

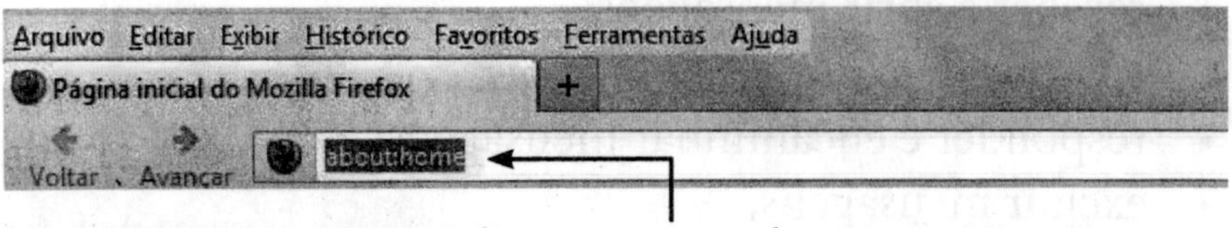

3. Posicione o mouse sobre o nome do site que estiver no campo, símbolo, e dê um clique. Observe se ficou selecionado.

4. No teclado, procure a tecla Delete e aperte-a.

5. Agora digite www.gmail.com e tecle Enter no teclado.

Para acompanhar as oficinas deste capítulo, você deverá primeiro criar uma conta de *e-mail* no Gmail. Para isso, observe na tela que está ilustrada na próxima página o botão CRIAR UMA CONTA, no lado superior direito da tela. Clique uma vez com o *mouse* nele e reencha os dados solicitados, necessários, para você abrir uma conta no Gmail. **Lembre-se de anotar em um lugar seguro o seu endereço de *e-mail* e senha.**

6. Agora, vamos criar uma conta (domínio) clicando o botão.

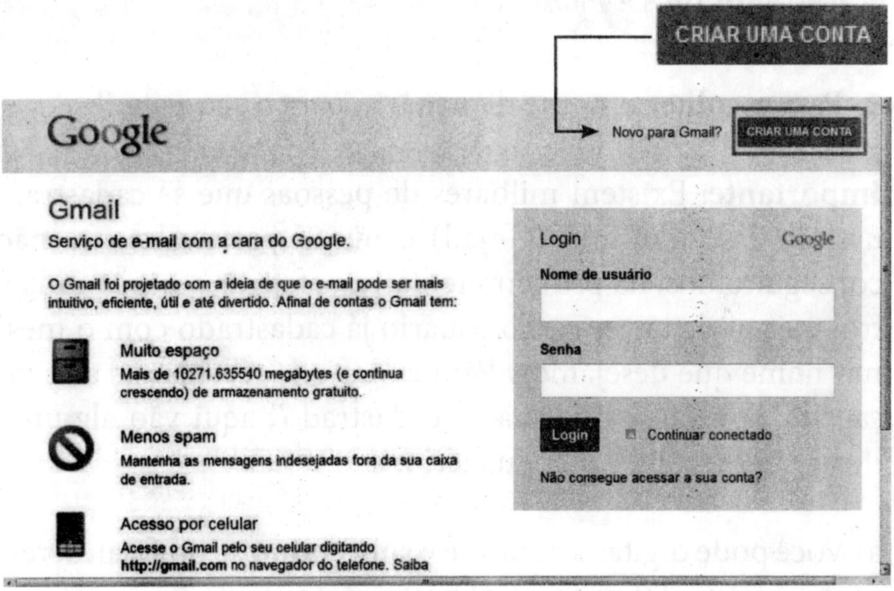

7. Após o clique, será aberta uma tela com cadastro; preencha todos os campos, tais como, nome, sobrenome, usuário etc.

Atenção: Para abrir um *e-mail*, é necessário cadastrar um "usuário". Esse usuário deve ser único, igual a uma conta em banco: cada cidadão tem o seu nº de conta e senha de acesso. Agora, deveremos encontrar um nome de usuário que não exista ainda neste domínio (Gmail).
Para isso, devemos preencher um breve cadastro com algumas informações pessoais. Durante o preenchimento, será solicitado que coloquemos o usuário de nossa de preferência.
Lembre-se de anotar em um lugar seguro o seu endereço de *e-mail* e sua senha. Você precisará desses dados para acessar os seus *e-mails*.

➢ Para **escolher o nome de usuário** para o seu *e-mail*:

Importante: Existem milhares de pessoas que se cadastram usando esse domínio (Gmail) e muito provavelmente não conseguiremos, na primeira tentativa, efetivar o nosso cadastro, pois pode haver outro usuário já cadastrado com o mesmo nome que desejamos. Para evitar que recebamos a mensagem "já existe este usuário cadastrado", aqui vão algumas dicas para escolher o seu usuário:

a) Você pode digitar seu **nome** e **sobrenome**, e no final, acrescentar o(s) seu(s) número(s) preferido(s).
Ex.: seunome+sobrenome249.

b) Você pode colocar seu **nome** e **sobrenome** mais **a sua data de nascimento,** como, por exemplo, seunomesobrenome0310.

c) Se por acaso você ainda não conseguiu, tente colocar seu sobrenome na frente do nome: Ex.: sobrenome+nome249 ou sobrenome+nome0310.

d) Você também pode usar um apelido no lugar do seu nome. Boa sorte no seu cadastro!

Observação: Não dê "espaços» entre os caracteres do seu usuário e senha.

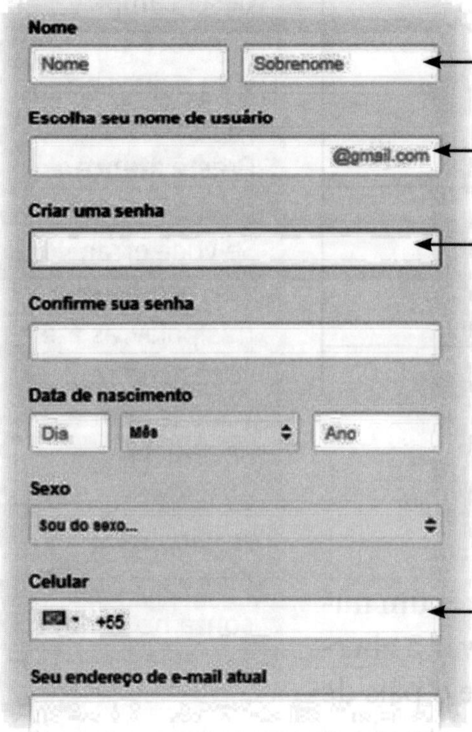

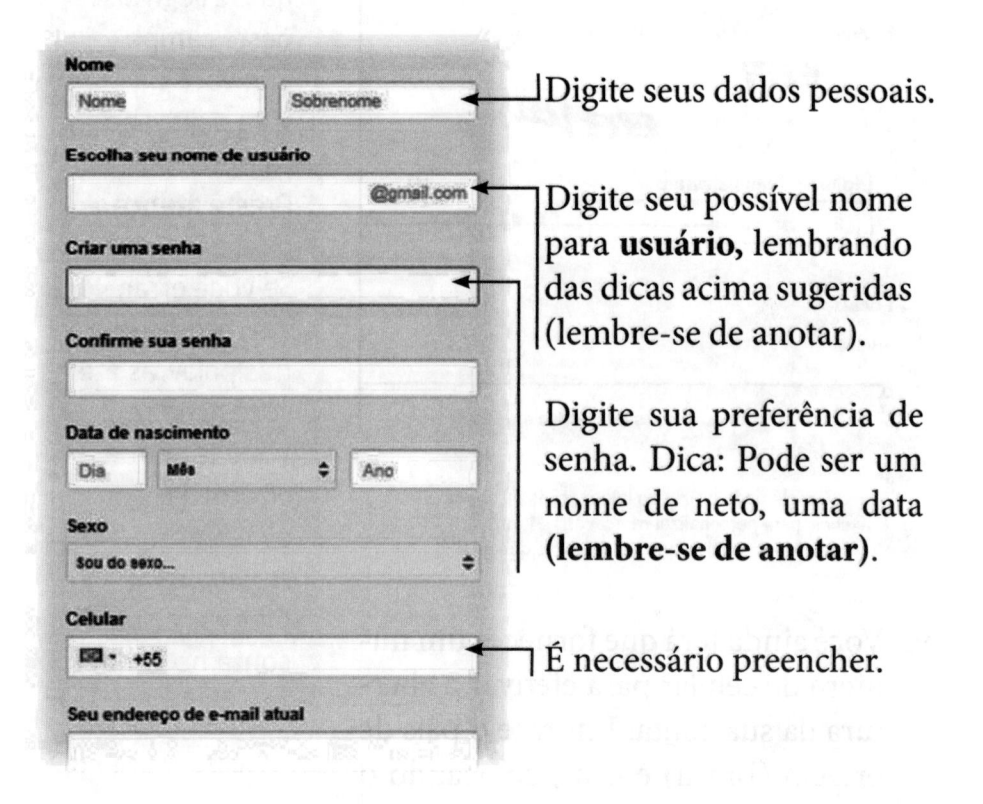

Digite seus dados pessoais.

Digite seu possível nome para **usuário,** lembrando das dicas acima sugeridas (lembre-se de anotar).

Digite sua preferência de senha. Dica: Pode ser um nome de neto, uma data **(lembre-se de anotar)**.

É necessário preencher.

Continuando o seu cadastro

8. Ainda faz parte do cadastro a tela abaixo. Preencha com cuidado.

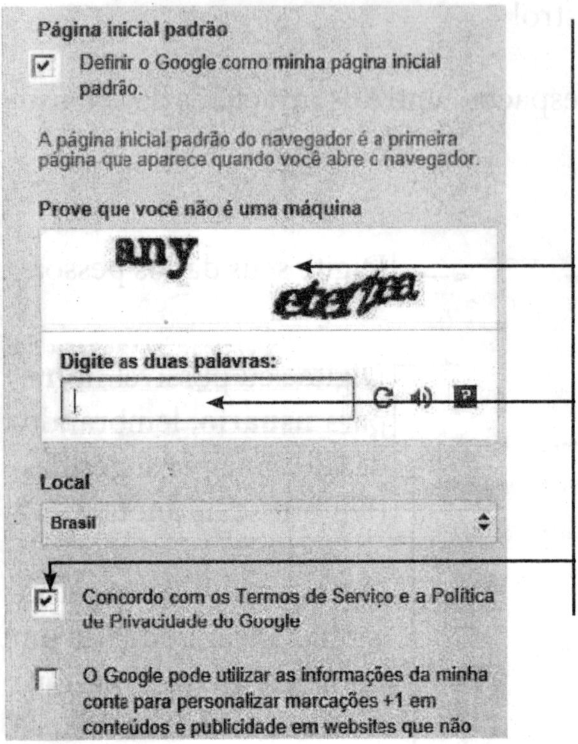

Atenção: Aparecerão algumas frases quase ilegíveis neste campo que você deverá digitar no campo abaixo. **Preste atenção** para não errar. Se você errar, aparecerão outras palavras até você acertar. Você tem que concordar com os termos de serviço para efetivar a sua conta no Gmail.

9. Você ainda terá que fornecer um número de celular para efetivar a abertura da sua conta. Informe o país de origem (Brasil) e o nº, colocando o DDD (sem o zero e sem parênteses)

\+ número. Ex.: 4899990000. Selecione SMS e, em alguns segundos, você receberá um código de acesso no celular cujo número você informou (por isso, é importante ser o seu ou de alguém que está próximo).

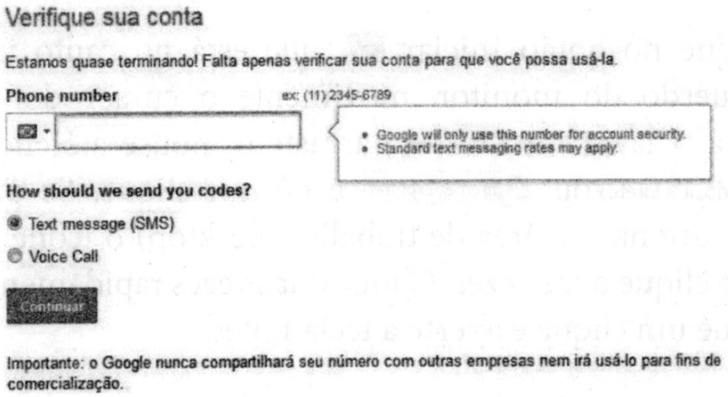

10. Após receber a mensagem de texto com o código de verificação do Google no celular que você informou, digite o **código** no campo indicado e clique em **Continuar**.

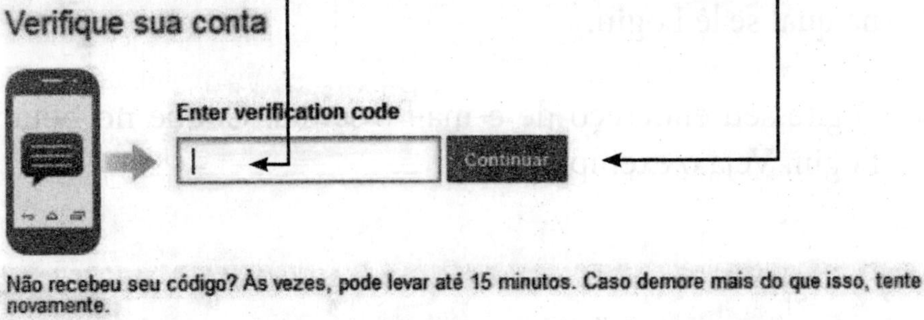

11. Agora, vamos para a próxima etapa, na qual você poderá colocar uma foto sua no seu perfil. Se não quiser colocar uma foto, clique no botão **Próxima etapa** 

. Pronto! Agora você já possui uma conta no Gmail.

Acessando o *E-mail* no Gmail [pronuncia-se: g-meio]

→ Para acessar o seu e-mail, siga os passos:

1. Clique no botão Iniciar, que está no canto inferior esquerdo do monitor, movimente o cursor do mouse até a palavra Todos os Programas, arraste o mouse até encontrar Mozilla Firefox ou Internet Explorer e dê um clique. Se preferir, procure na sua área de trabalho (desktop) o ícone ou, e clique duas vezes. Clique duas vezes rapidamente nele ou dê um clique e aperte a tecla Enter.

2. Na barra de endereços, será aberta uma página; digite o site do Gmail: www.gmail.com e aperte Enter no teclado.

3. Agora estamos no site do Gmail, no qual você já tem uma conta de e-mail. No lado direito dessa, página há uma tela na qual se lê Login.

4. Digite seu endereço de e-mail e senha. Clique no botão Login. Veja o exemplo:

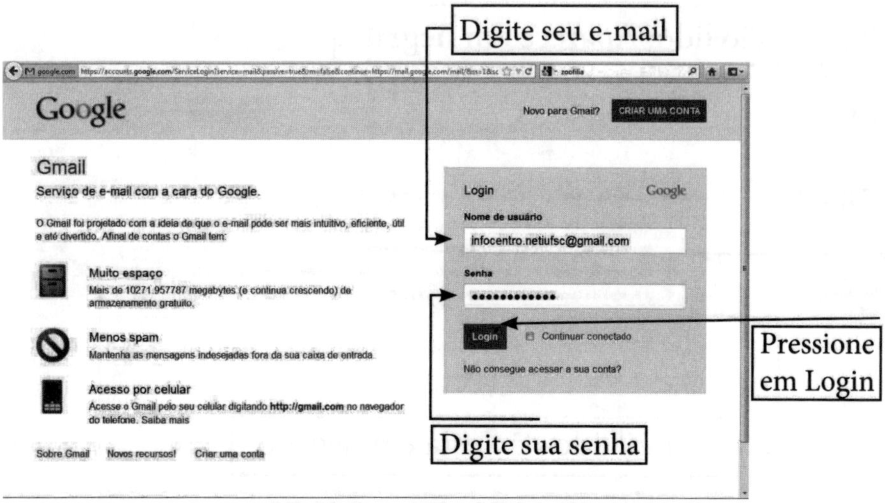

➔ Para **ver as suas mensagens** recebidas, siga os passos:

1. Ao apertar o botão Login mostrado anteriormente, será aberta uma página que mostra a caixa de entrada do seu *e-mail*. Nesse local, aparecem todas as mensagens que você recebeu na sua conta de *e-mail*. No exemplo abaixo, temos cinco mensagens recebidas.

2. Observe que no exemplo, na caixa de **Entrada** que está realçada em negrito, temos quatro mensagens não lidas, uma já lida e uma mensagem com anexo. Os anexos podem ser arquivos com fotografias, imagens, filmes, apresentações, entre outras coisas.

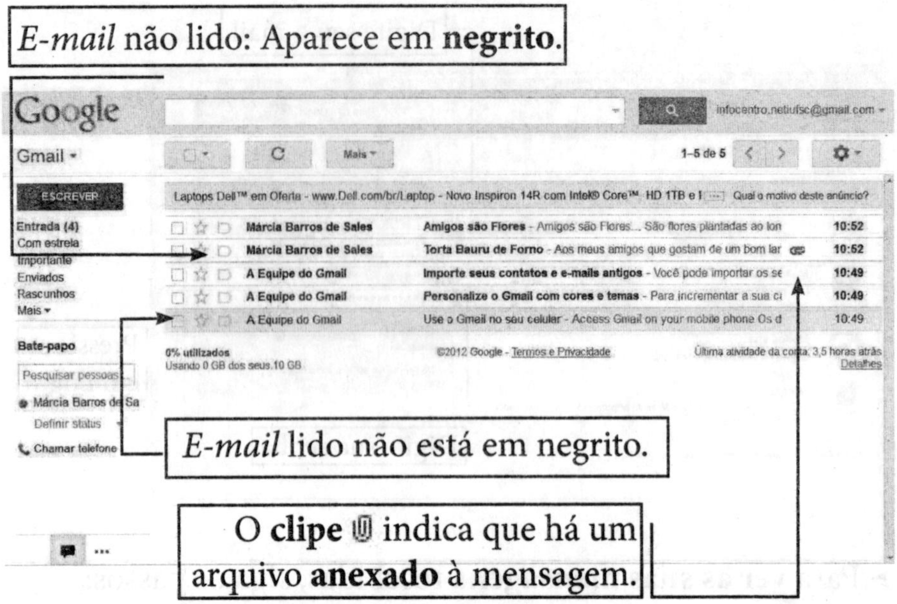

Atenção: Sempre que você posicionar o cursor do mouse sobre o nome da pessoa ou sobre o assunto do e-mail, observe que aparecerá uma "mãozinha" indicando que, para você visualizar a mensagem, é necessário dar um clique nesse campo.

3. Para ler uma mensagem não lida, clique no nome da pessoa que lhe enviou o e-mail ou no assunto do *e-mail* e logo será aberta uma página mostrando o conteúdo da mensagem (*e-mail*). Veja no exemplo a seguir:

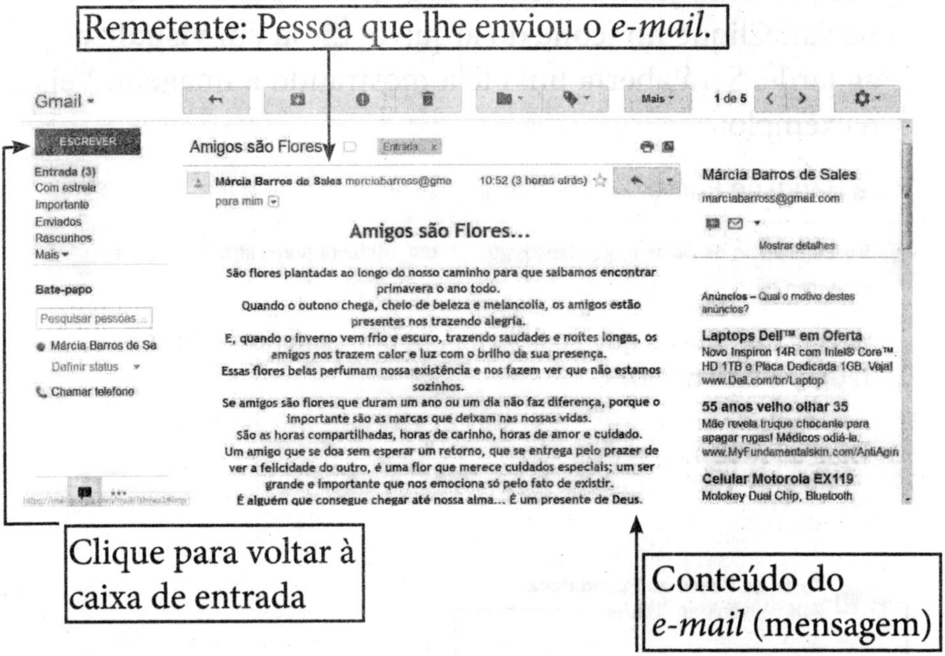

4. Para voltar à caixa de entrada, clique na opção localizada do lado esquerdo da tela que diz **Entrada**. Veja na imagem anterior.

→ Para **abrir mensagens com arquivos anexados**, siga os passos:

1. Na caixa de **Entrada,** posicione o cursor sobre o nome que está na frente do clipe e dê um clique com o mouse. Aguarde o Gmail abrir a mensagem.

2. Observe a mensagem que aparecerá após a verificação.

3. Surgirá uma janela com as seguintes opções: visualizar, baixar. Clique no ícone do arquivo ou em **visualizar** e aguarde. Será aberta uma tela mostrando a imagem. Veja o exemplo:

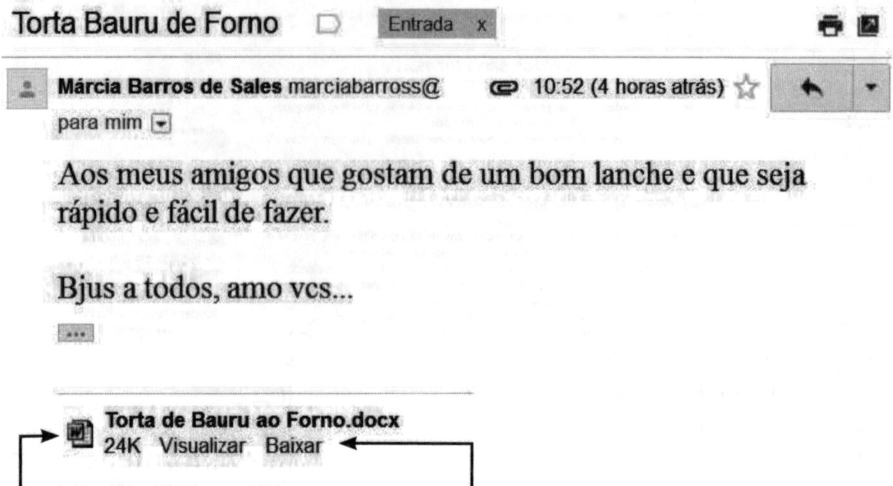

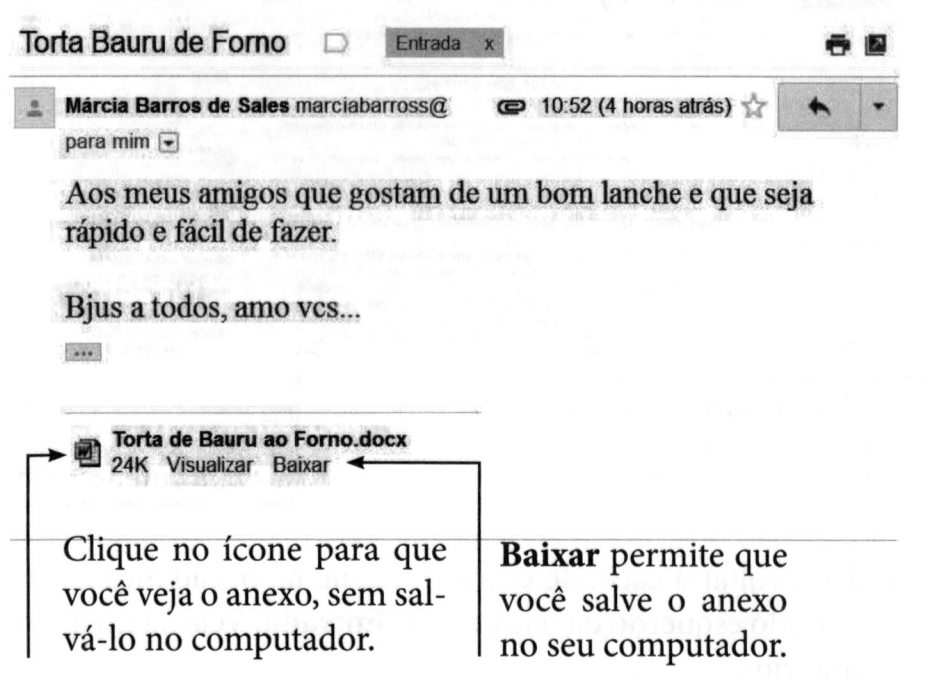

Clique no ícone para que você veja o anexo, sem salvá-lo no computador.

Baixar permite que você salve o anexo no seu computador.

Vírus é um programa desenvolvido por programadores *hackers* que infecta o sistema operacional, faz cópias de si mesmo e tenta espalhar-se para outros computadores por diversos meios. A maioria das contaminações ocorre pela ação do usuário executando o anexo de um *e-mail*. Se aparecer a palavra "vírus", chame seu professor ou monitores, não tecle em nada, aguarde! Fonte: Wikipédia, a enciclopédia livre.

4. Se você deseja **Salvar o anexo** no seu computador, repita os passos anteriores (1 e 2) e, ao aparecer a página com a mensagem, clique na opção **Baixar**.

5. Na tela aberta, clique na opção **Download** [**pronuncia-se: dau loade**] e, depois, no botão OK. Veja:

Download - termo usado para baixar ou obter um conteúdo (foto, arquivo, música etc.) disponível na Internet.

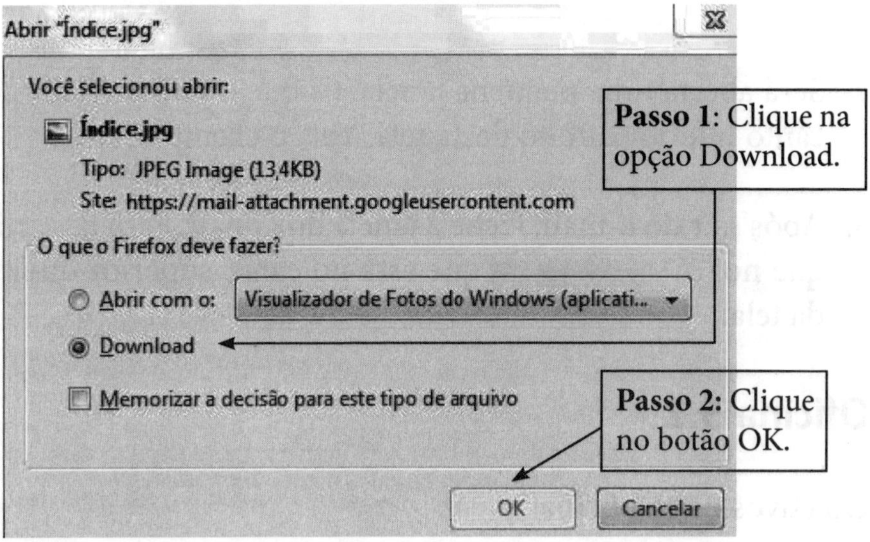

→ Para sair da sua conta de e-mail, siga os passos:

1. No canto superior direito da sua tela, encontra-se seu endereço de e-mail. Ao lado, existe uma pequena **seta**; dê um clique nela ou **<u>clique em seu nome.</u>** Veja o exemplo a seguir:

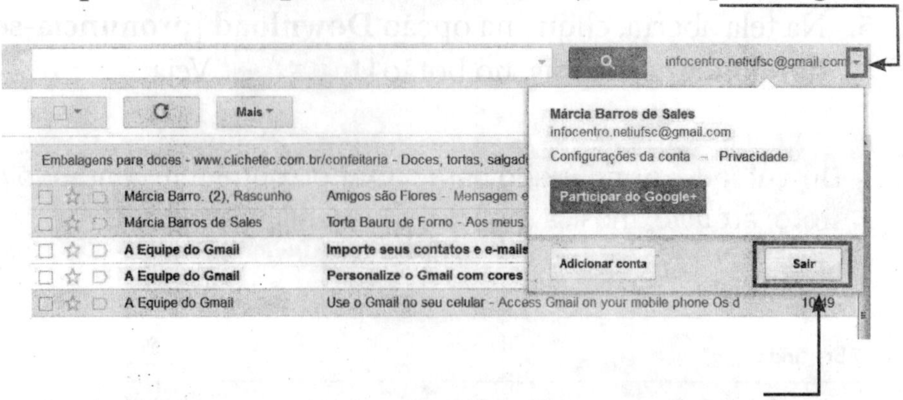

2. Será aberta uma pequena janela. Clique no botão **Sair**, no canto inferior direito desta tela. Veja o exemplo:

3. Após sair do e-mail, feche a janela do Gmail. Para isso, clique no "X"  que está no canto superior direito da tela.

Oficina 5.2

Objetivos desta oficina:

- Compor uma mensagem;
- Encaminhar uma mensagem;
- Responder uma mensagem;

Compor é digitar uma nova mensagem.

Para realizar essas ações (compor e encaminhar uma mensagem), é necessário que você tenha o(s) endereço(s) de e-mail das pessoas para quem deseja enviar a mensagem. Vamos ao trabalho!

Encaminhar é enviar para outras pessoas o *e-mail* recebido.

Para acessar o correio eletrônico ou e-mail, precisamos primeiro acionar o navegador, clicando no botão Iniciar, que está no canto inferior esquerdo do monitor, e movimentando o cursor do mouse até a palavra Todos os Programas ; arraste o mouse até encontrar Mozilla Firefox ou Internet Explorer e dê um clique. Se preferir, procure na sua área de trabalho (desktop) o ícone Mozilla Firefox ou Internet Explorer e clique duas vezes rapidamente nele.

Agora, acesse sua caixa de correio eletrônico (*e-mail*) seguindo os seguintes passos:

1. Na barra de endereços, será aberta uma página, digite o site do Gmail: www.gmail.com e aperte **Enter** no teclado.

2. Será aberta uma tela, conforme o exemplo abaixo.

3. Digite seu endereço de *e-mail* e senha. Clique no botão **Login**. Veja o exemplo:

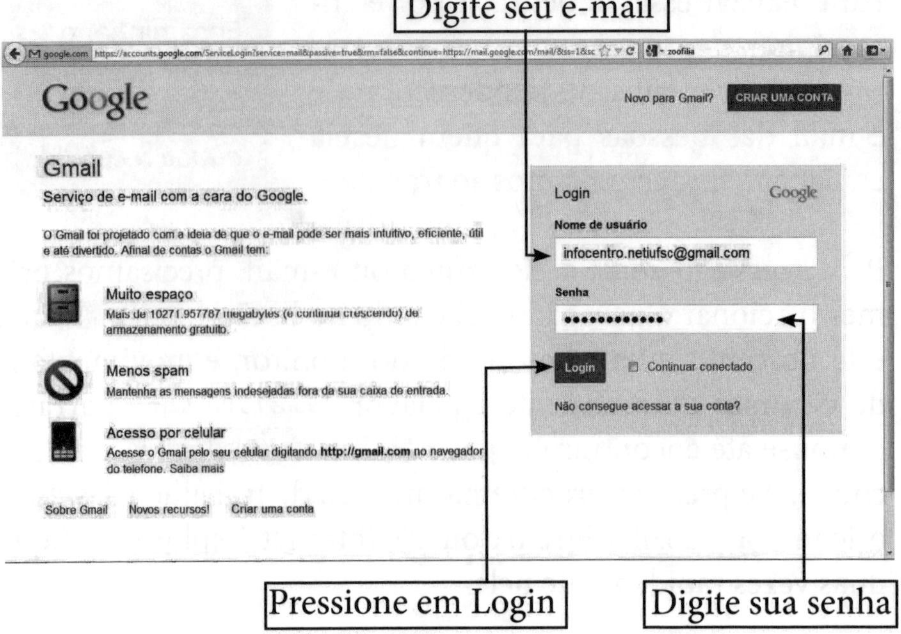

Compondo uma Mensagem no Gmail

➢ Para **compor** uma nova mensagem, siga os passos:

1. Clique em **Escrever** 

, localizado no canto esquerdo da tela.

2. Ao lado do campo Para, escreva o endereço de e-mail da pessoa para quem você deseja enviar o e-mail. Se você quiser enviar para mais de uma pessoa, é só colocar os endereços de e-mail delas entre vírgulas.

> Ao escrever o endereço de *e-mail*, seja bem atencioso.

3. Ao lado do campo Assunto:, escreva o assunto ao qual se refere o e-mail. Exemplo: bom dia, notícias, mensagem etc.

4. Para escrever uma mensagem, dê um clique na parte da tela que está em branco. Veja no exemplo onde você deve digitar a sua mensagem.

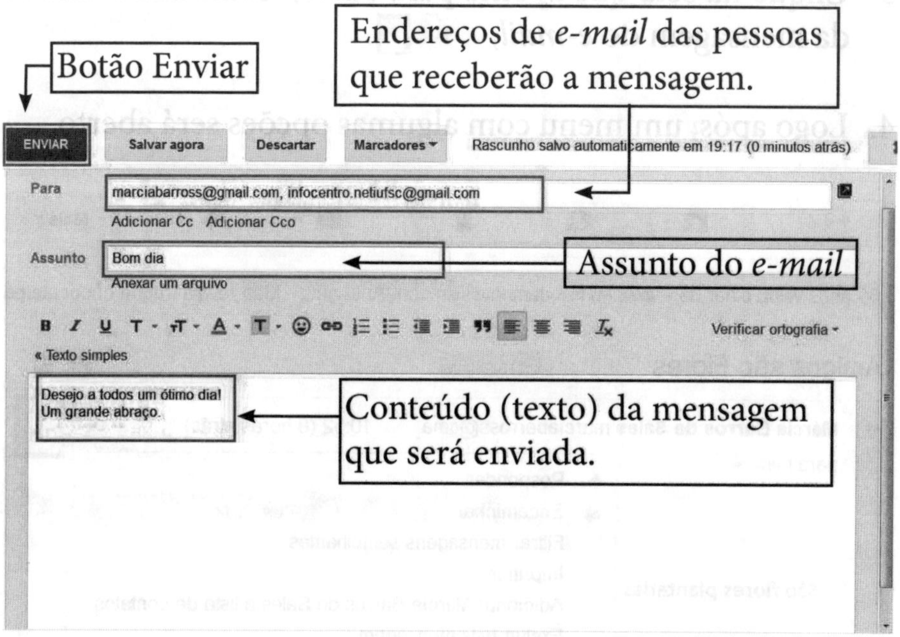

5. Depois que você digitou a sua mensagem, é só clicar em 

para que o destinatário receba seu *e-mail.*

Encaminhando uma Mensagem no Gmail

➔ Para **Encaminhar** (enviar para outra pessoa a mensagem que você recebeu), acompanhe os passos:

1. Escolha o *e-mail* que você deseja encaminhar, ou seja, um *e-mail* que você recebeu, gostou e deseja enviar para um ou mais amigos.

2. Abra-o, clicando no nome da pessoa que lhe enviou o *e-mail*.

3. Clique na seta que aponta para baixo, localizada à direita da mensagem do *e-mail*, .

4. Logo após, um menu com algumas opções será aberto.

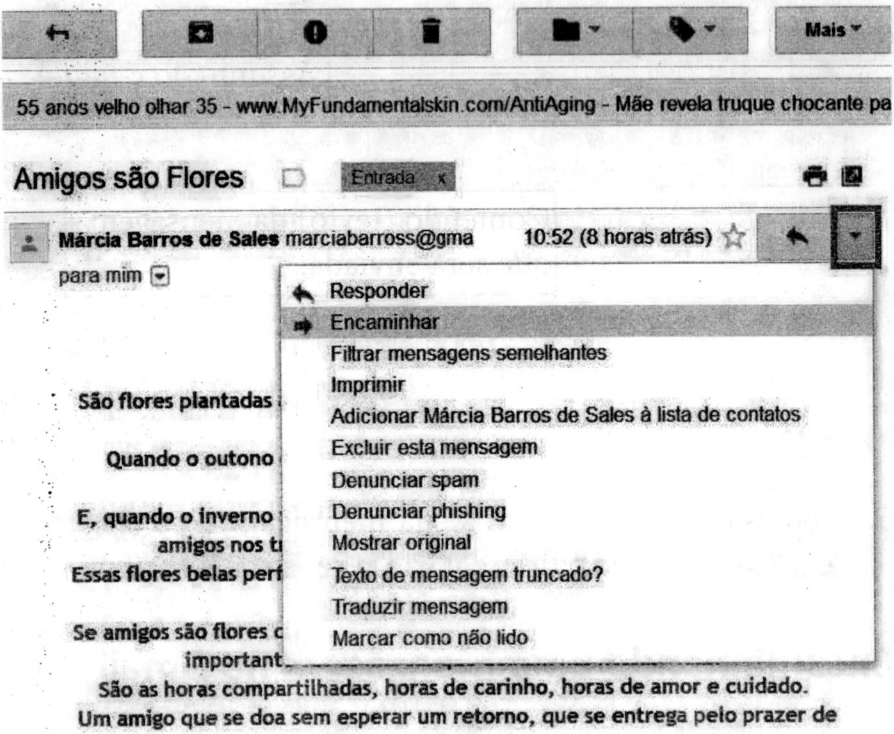

5. Escolha a opção **Encaminhar**. Veja:

6. Na tela que aparece, digite ao lado do campo **Para** o endereço de *e-mail* da(s) pessoa(s) para quem você deseja encaminhar o *e-mail*. Veja o exemplo abaixo:

7. Caso você queira escrever algo para essa(s) pessoa(s), clique com o *mouse* na tela, na parte que está com a **cor branca**, que fica abaixo do campo **Assunto** e digite sua mensagem. Veja o exemplo abaixo:

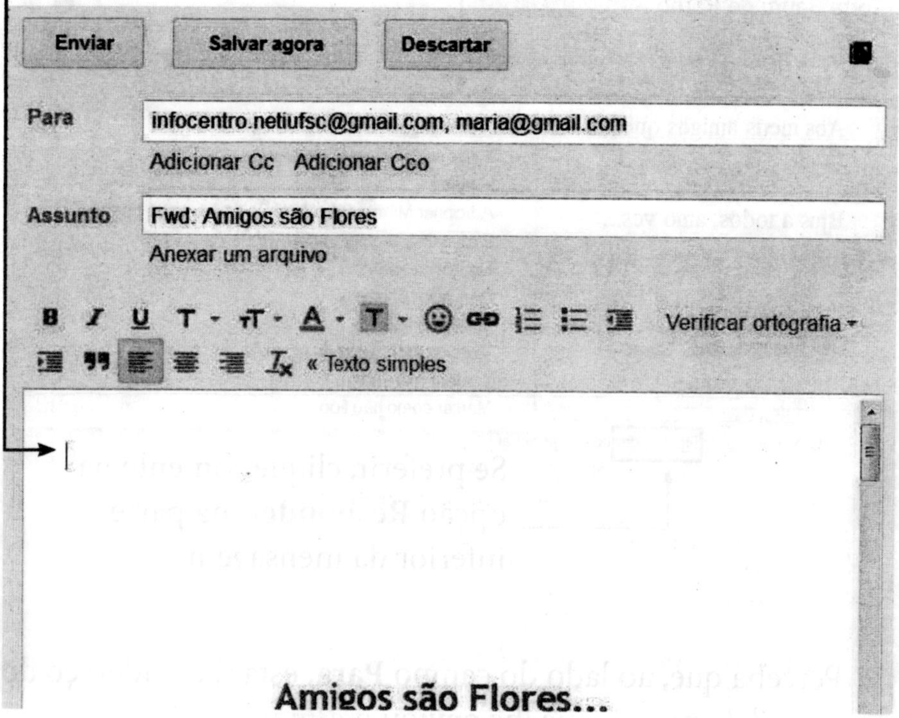

8. Agora, é só clicar em 

.

Respondendo a uma Mensagem no Gmail

→ Para **responder** uma mensagem que você recebeu, siga os passos:

1. Abra o e-mail, clicando no nome da pessoa, depois, clique na seta no canto superior direito do e-mail e escolha a opção Responder. Veja abaixo:

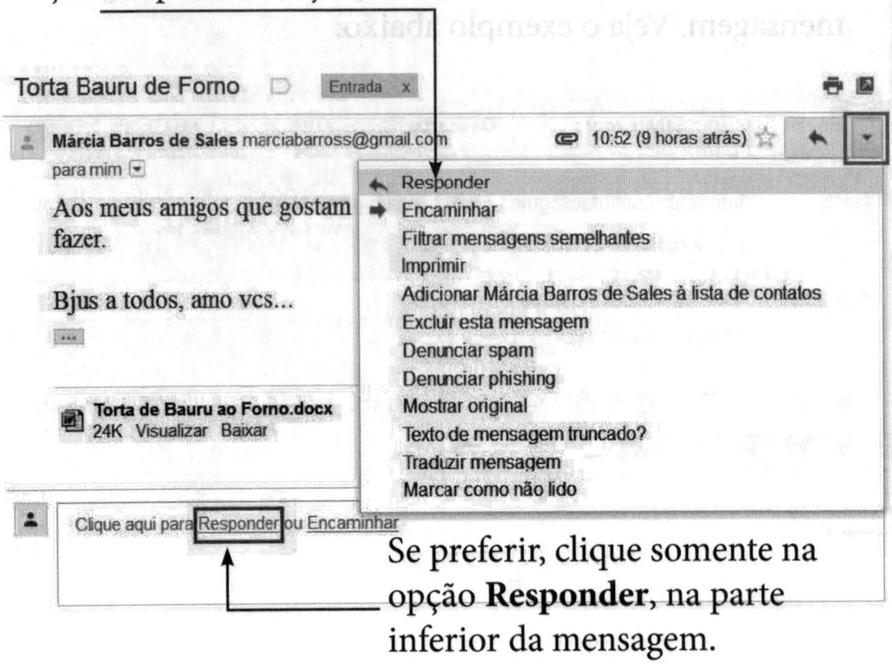

2. Perceba que, ao lado do campo **Para**, estará o endereço de *e-mail* da pessoa que lhe enviou o *e-mail.*

3. Você terá de responder a essa pessoa digitando algo no campo de texto.

4. Após digitar o texto, clique em Enviar, para que a pessoa receba seu *e-mail.*

➔ Para **sair da sua conta** de *e-mail*, siga os passos:

1. Note que, no canto superior direito da sua tela, encontra--se seu endereço de *e-mail*; ao lado dele, existe uma **pequena seta. Clique em seu nome de usuário** ou dê um clique na seta. Veja o exemplo a seguir:

2. Será aberta uma pequena janela. Clique no botão **Sair** que está localizado no canto inferior direito desta tela. Veja o exemplo a seguir:

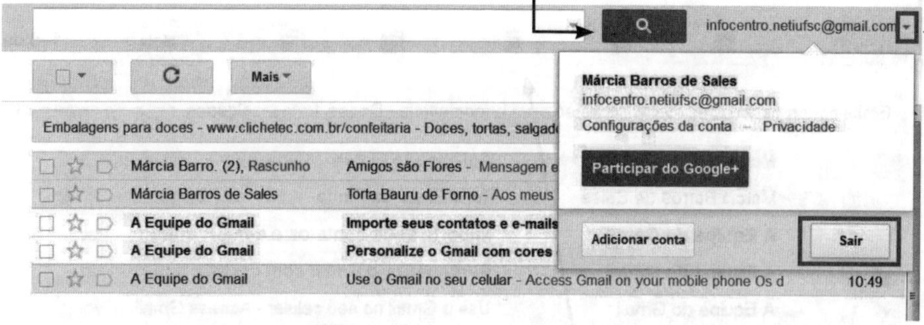

3. Após sair do *e-mail*, feche a janela do Gmail. Para isso, clique no “X”  que está no canto superior direito da tela.

Oficina 5.3

Objetivos desta oficina:

➔ Excluir mensagens.

Para entrar na sua caixa de correio eletrônico, siga os passos descritos no tópico “Acessando o *E-mail* no Gmail” da Oficina 5.1 deste capítulo.

Excluindo uma Mensagem no Gmail

➔ Para **excluir (apagar)** uma mensagem, siga os passos:

1. Localize a mensagem que você deseja apagar e dê um clique na **caixa** ao lado do nome da pessoa que lhe enviou a mensagem. Ao clicar, observe se a caixa ficou **sinalizada**, conforme o exemplo a seguir. Você pode selecionar várias mensagens para apagar de uma só vez, bastando repetir o procedimento anterior.

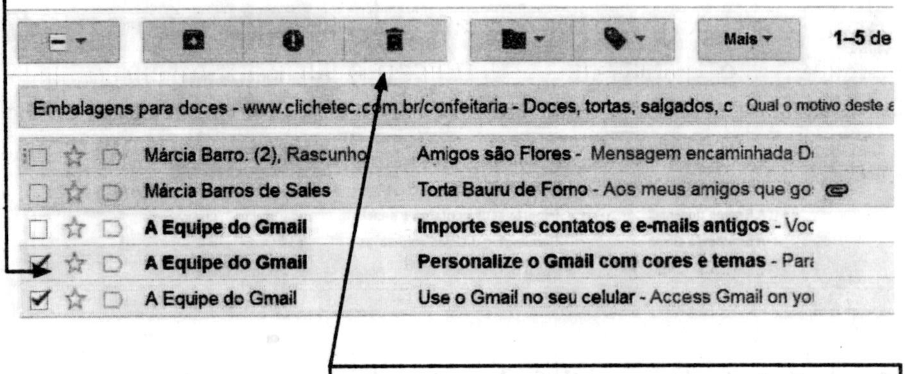

Clique em Excluir, no ícone de lixeira.

2. Clique em [ícone] para deletar (apagar) as mensagens que estão marcadas. Veja na tela anterior.

➔ Para **sair da sua conta** de *e-mail*, siga os passos:

1. Note que no canto superior direito da sua tela encontra-se seu endereço de *e-mail*; ao lado dele existe uma pequena **seta**; dê um clique nela **ou em seu nome de usuário**. Veja o exemplo a seguir:

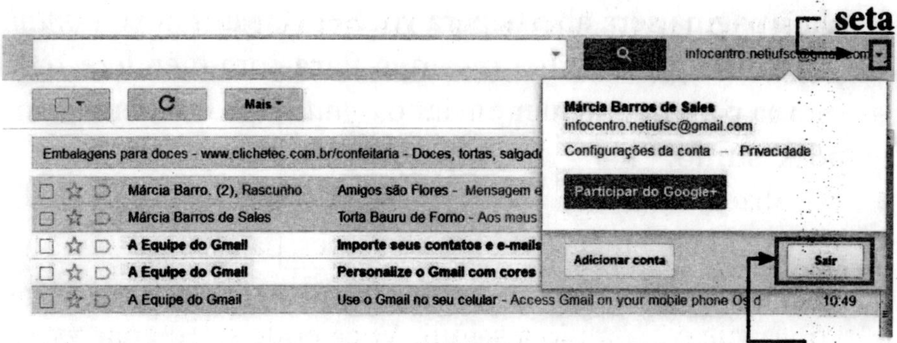

2. Será aberta uma pequena janela; clique no botão **Sair** que está localizado no canto inferior direito desta tela.

Após sair do e-mail, feche a janela do Gmail. Para isso, clique no "X"  que está no canto superior direito da tela.

Oficina 5.4

Objetivos desta oficina:
Anexar um arquivo.

Para entrar na sua caixa de correio eletrônico, siga os passos descritos no tópico "Acessando o *E-mail* no Gmail" da Oficina 5.1 deste capítulo.

Anexando um Arquivo no Gmail

➢ Para procurar, **anexar um arquivo** e enviar esse arquivo por *e-mail*, siga os passos:

1. Após entrar na sua página de *e-mail*, clique em **Escrever** .

2. Uma página será aberta para você enviar um novo *e-mail*. Você deverá preencher o campo **Para** com o endereço da pessoa para quem quer enviar o *e-mail* e preencher o campo **Assunto**.

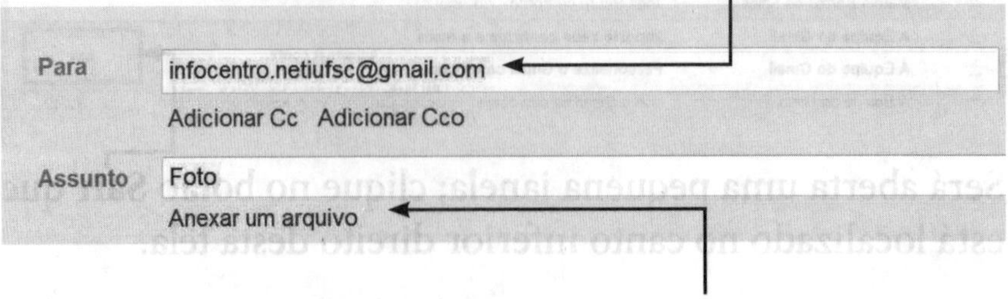

3. Abaixo do campo **Assunto**, clique em **<u>Anexar um arquivo</u>**.

4. Após clicar em **Anexar um arquivo**, será aberta uma nova tela na qual você poderá procurar o arquivo que deseja anexar. Veja a seguir.

5. Uma tela aparecerá pedindo para você escolher a pasta onde se encontra o arquivo com a foto que deseja enviar para outra pessoa.

6. Localize a **pasta** e a **foto**, e dê um duplo clique nela. Neste exemplo, a foto está dentro da pasta **Imagens**. Veja a seguir:

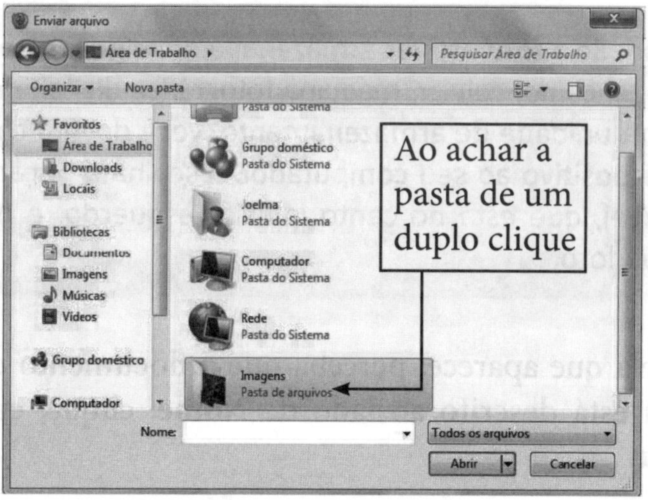

7. Ao dar o duplo clique na pasta, uma nova tela será aberta. Nessa nova tela que aparece, procure o arquivo que pode ser um documento, receita, imagem que você deseja **anexar** e **enviar** por ***e-mail* para outra pessoa**. Quando encontrar, dê um clique nesse arquivo ou foto e, depois, dê um clique em **Abrir**.

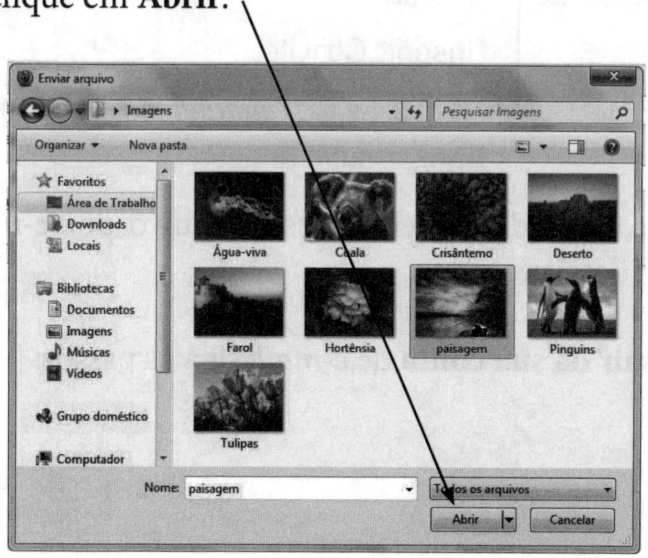

Atenção: Se a foto estiver armazenada em algum dispositivo móvel, tal como, celular, máquina fotográfica digital, *pendrive* ou outra unidade de armazenamento, você deverá conectar esse dispositivo ao seu computador. Escolha a opção Disco removível, que está no canto inferior esquerdo, e procure pela sua foto.

8. Na tela que aparece, perceba que o documento que você abriu está descrito ao lado de **Nome**; clique, então, em **Abrir**.

9. Observe que seu arquivo foi anexado ao seu *e-mail*. Veja o exemplo.

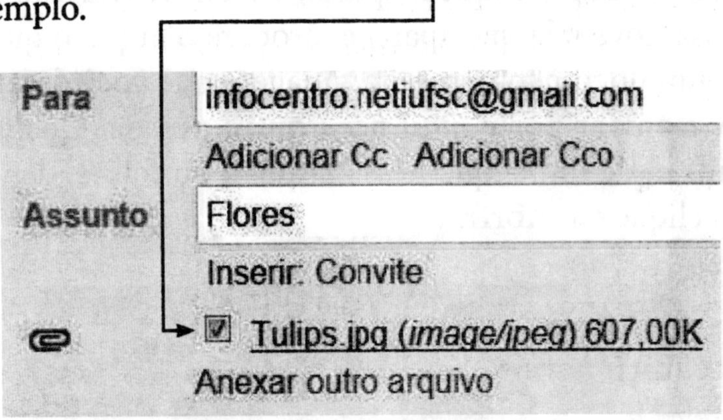

10. Agora, você deverá enviar esse arquivo por *e-mail* para quem desejar.

→ Para **sair da sua conta** de *e-mail*, siga os passos:

1. No canto superior direito da sua tela, encontra-se seu endereço de *e-mail* e ao lado dele, existe uma pequena **seta; clique no nome do usuário** ou dê um clique na seta. Depois, clique no botão **Sair**. Veja o exemplo:

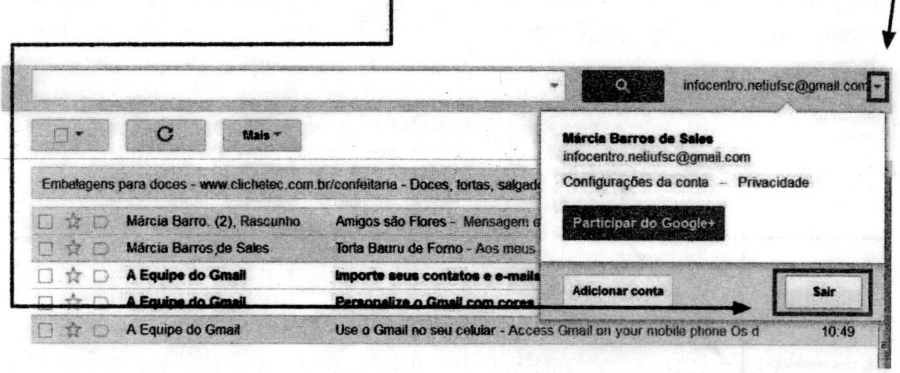

2. Após sair do *e-mail*, feche a janela do Gmail. Para isso, clique no "X"  que está no canto superior direito da tela.

Oficina 5.5

Conversando no Bate-papo do Gmail

➔ Para **adicionar** um amigo ao bate-papo do Gmail, siga os passos:

1. Acesse seu *e-mail* no Gmail; se precisar, volte e faça o passo a passo no tópico "Para acessar o seu *e-mail*". Siga os passos de acordo com a Oficina 5.1.

2. Na página da sua caixa de entrada, localize o bate-papo que fica no **canto esquerdo inferior da tela.** Veja:

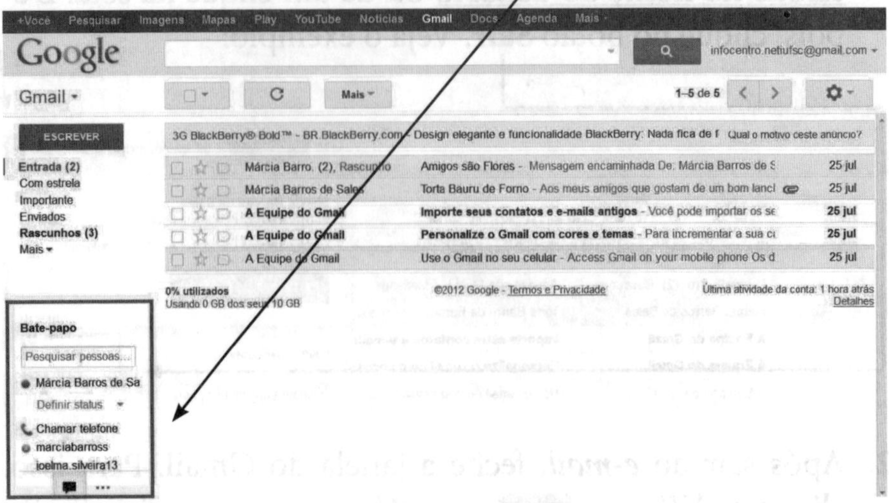

3. Para adicionar um amigo, clique no ícone que tem três pontinhos ... localizado na parte inferior do bate-papo. Veja:

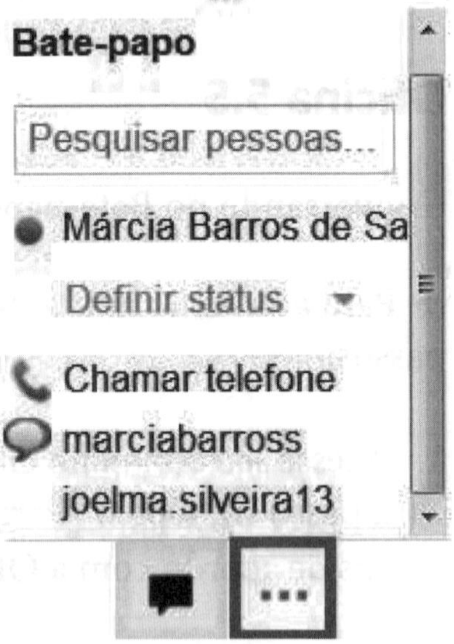

Atenção: Se você não conseguiu visualizar nenhum dos seus contatos, pode ser que o campo do bate-papo pode estar desativado Bate-papo. Para ativá-lo, basta posicionar o cursor sobre esta imagem e clicar uma vez que ele ativará. Observe que a figura ficará com uma cor mas escura . Pronto!

4. Logo após, será aberta uma pequena tela no lugar da tela anterior; no campo em branco, digite o *e-mail* do amigo que você deseja adicionar. Veja:

5. Pronto, após seu amigo aceitar esse convite, vocês poderão conversar através do bate-papo.

➛ Para **conversar** com um amigo no bate-papo, siga os passos:

1. Primeiro, veja se o amigo com quem você deseja conversar está disponível.

   Márcia: Disponível - é quando a pessoa está livre e pode conversar.

   Márcia: Ocupado - é quando a pessoa está ocupada realizando outras coisas e não pode conversar no momento.

   Márcia: Invisível - é quando a pessoa não está na Internet.

2. Se a pessoa estiver disponível, dê um duplo clique com o *mouse* no nome dela e será aberta uma pequena tela. Você pode digitar o que quiser e clicar em **Enter** para enviar a mensagem. Veja:

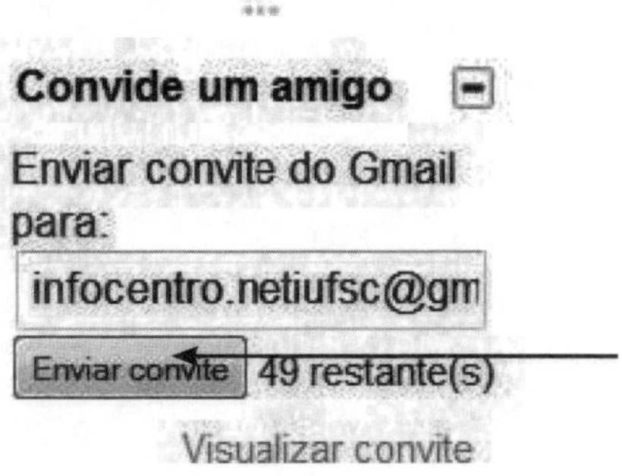

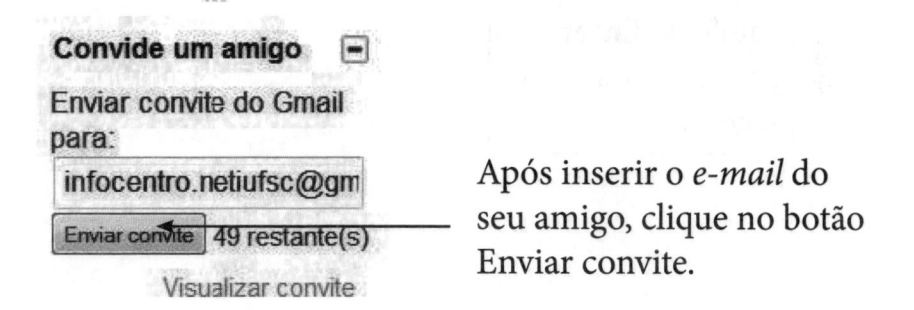

Após inserir o *e-mail* do seu amigo, clique no botão Enviar convite.

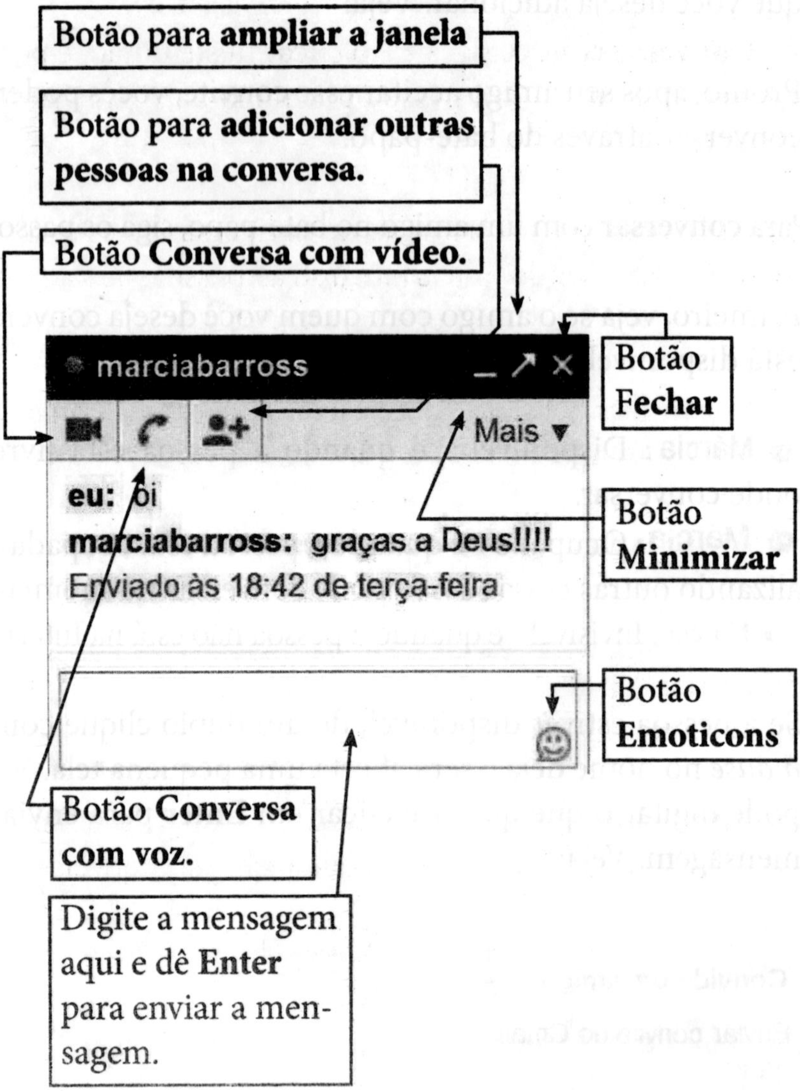
Botão para **ampliar a janela**
Botão para **adicionar outras pessoas na conversa.**
Botão **Conversa com vídeo.**
marciabarross
Mais ▾
Botão **Fechar**
eu: oi
marciabarross: graças a Deus!!!!
Enviado às 18:42 de terça-feira
Botão **Minimizar**
Botão **Emoticons**
Botão **Conversa com voz.**
Digite a mensagem aqui e dê **Enter** para enviar a mensagem.

Botão **Conversa com vídeo** : Ao clicar neste botão, é possível conversar com a outra pessoa através da Web cam.

Botão **Conversa com voz** : Ao clicar neste botão, é possível conversar com a outra pessoa por meio da voz, usando o microfone.

Botão **Adicionar outras pessoas na conversa** : Ao clicar neste botão, você pode adicionar outras pessoas a esta conversa.

Botão **Minimizar** : Serve para esconder a tela de conversação no cantinho da tela.

Botão **Outra janela** : Serve para aumentar a janela de conversação.

Botão **Fechar** : Serve para você fechar a janela de conversação quando terminar a conversa.

Botão **Emoticons** : Serve para você escolher carinhas de bonequinhos para enviar à pessoa com quem está conversando.

Saindo da sua Conta de *E-mail*

→ Para **sair da sua conta** de e-mail, siga os passos:

1. Note que no canto superior direito da sua tela, encontra-se seu endereço de *e-mail*. Ao lado dele, existe uma pequena **seta;** dê um clique nela **ou em seu nome de usuário**. Veja o exemplo a seguir:

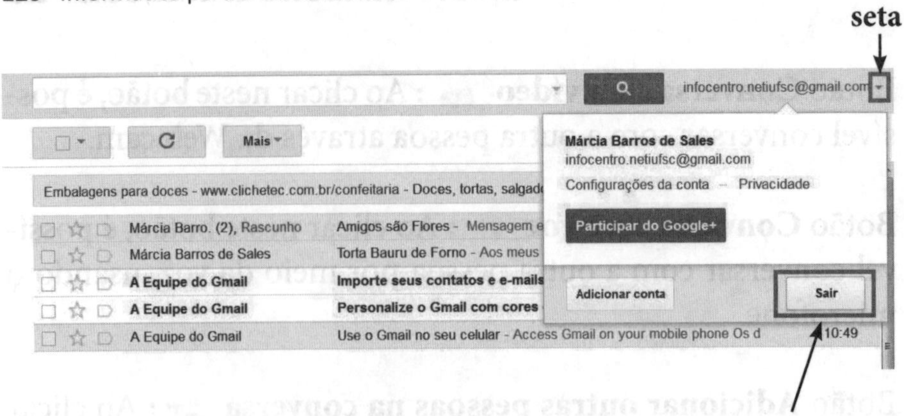

2. Será aberta uma pequena janela. Clique no botão Sair que está localizado no canto inferior direito desta tela.

3. Após sair do e-mail, feche a janela do Gmail. Para isso, clique no "X"  que está no canto superior direito da tela.

Atenção! O Gmail pode sofrer algumas alterações nas suas versões e, consequentemente, alguns passos podem ficar diferentes do que foi mostrado aqui.

Neste caso, acesse o Youtube e procure por "Como usar o Gmail" ou "Gmail passo a passo".

Exercitando com Palavras Cruzadas

Com base nos conhecimentos adquiridos neste capítulo, tente resolver as palavras cruzadas abaixo. Utilize as pistas que estão abaixo das palavras cruzadas. Para descobrir a palavra correta, se necessário, volte e pesquise o conteúdo.

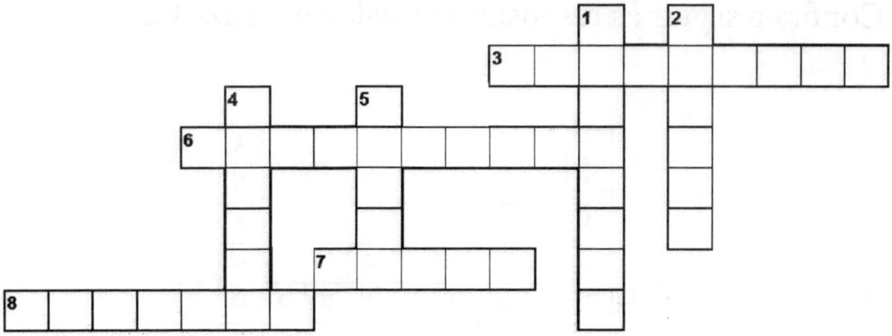

Pistas:

1. Botão que se deve clicar para compor uma nova mensagem para ser enviada.
2. Ato de digitar uma nova mensagem.
3. Nome da opção que permite compor uma mensagem de resposta.
4. Nome do botão usado para mandar um *e-mail.*
5. Nome do domínio de *e-mail* usado nas oficinas.
6. Ato de enviar a outra pessoa uma mensagem que você recebeu.
7. Nome do ícone que sinaliza um anexo do *e-mail*, lembrando um objeto usado em escritórios.
8. Nome do ícone cuja função é apagar/deletar um *e-mail.*

Confira a seguir as respostas das palavras cruzadas:

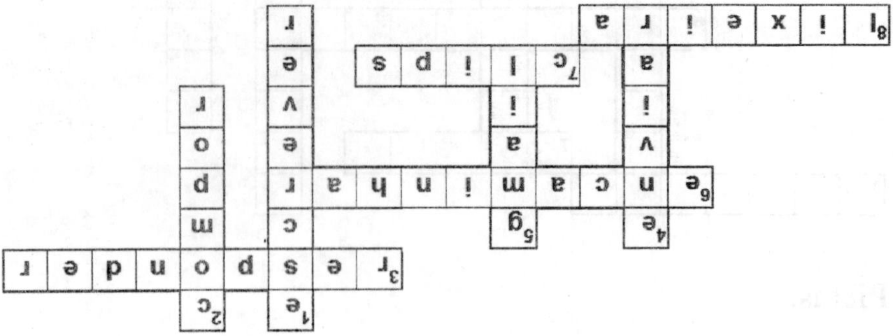

Capítulo 6

Redes Sociais

Oficina 6.1

Rede social é uma estrutura composta por pessoas ou organizações, conectadas por um ou vários tipos de relações, que partilham valores e objetivos comuns. (Wikipedia, 2012).

As redes sociais virtuais podem operar em diferentes níveis, como, por exemplo, redes de relacionamentos do tipo Facebook, Orkut e Twitter.

Vejamos algumas redes sociais e o que podemos fazer com cada uma resumidamente.

Facebook [pronuncia-se: feice-buque].
É um site de rede social operado pela empresa privada Facebook Inc. Para participar dessa rede, é necessário registrar-se (cadastrar-se) antes de utilizar o site. Cada usuário pode criar um perfil pessoal, adicionar outros usuários como amigos e trocar mensagens, incluindo notificações automáticas quando atualizarem o seu perfil. (Wikipedia, 2012).

Nessa rede, você pode compartilhar fotos, vídeos, frases, *links*, além de conversar *on-line* com seus amigos. Você pode postar o que acha interessante e deseja compartilhar com os seus amigos.

Orkut

O Orkut é um site de rede social que tem por objetivo auxiliar seus membros a conhecer pessoas e manter relacionamentos. Nele, você pode postar fotos, criar álbuns, frases, participar de comunidades que falam de assuntos do seu interesse etc. A maioria dos usuários é do Brasil e da Índia. No Brasil, foi a rede social com maior participação de brasileiros, com mais de 23 milhões de usuários em janeiro de 2008, até ser ultrapassado pelo líder mundial, o Facebook (Wikipedia, 2012).

Twitter

Rede social que permite aos usuários enviar e receber atualizações pessoais de outros contatos com textos curtos. As atualizações são exibidas no perfil de um usuário em tempo real e também enviadas a outros usuários seguidores que tenham assinado para recebê-las.

Nas três redes sociais acima citadas, o serviço é gratuito e pela Internet. E para participar, é necessário que o usuário preencha um cadastro com algumas informações pessoais e defina o usuário e a senha para ter acesso.

A rede social virtual que iremos utilizar será o **Facebook**. Para isso, teremos que abrir uma conta com senha. Siga os passos:

Abrindo uma Conta no Facebook

→ Passo a passo de como abrir uma conta no Facebook:

1. Dê dois cliques no ícone do navegador de Internet; aqui nas oficinas, usaremos o Mozila Firefox ou Internet Explorer .

2. Digite na barra de endereços o endereço do Facebook: www.facebook.com e dê um clique no botão **Enter**.

3. A seguinte página será aberta:

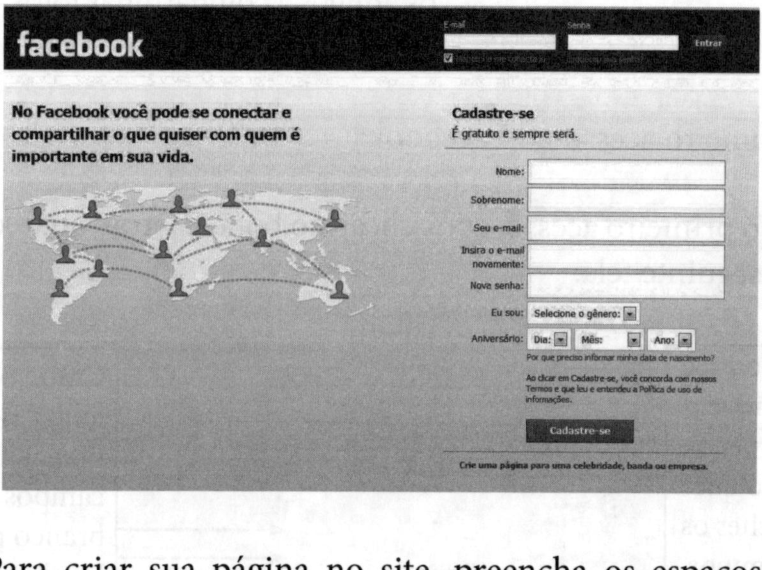

4. Para criar sua página no site, preencha os espaços em branco dos campos abaixo da palavra **Cadastre-se**.

5. Após ter preenchido todos os campos, dê um clique no botão **Cadastre-se** para finalizar o cadastro. Pronto! Agora, você já possui uma conta no Facebook.

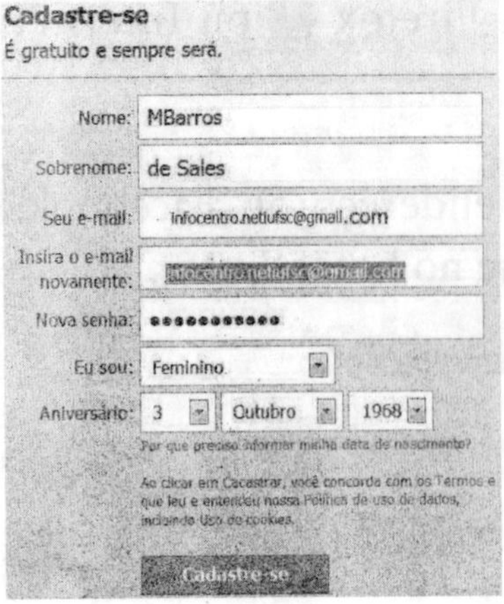

Agora, você já está conectado ao Facebook. No primeiro momento, você poderá preencher uma série de informações disponíveis no seu perfil, tais como, nome, interesses, filmes e músicas de que mais gosta, *e-mail* etc.

Você poderá também colocar uma foto sua no perfil, frases, convidar os amigos a compartilhar fotos, frases e outras coisas.

→ Primeiro acesso no Facebook:

1. No primeiro acesso, após clicar no botão Entrar, aparecerá a seguinte tela:

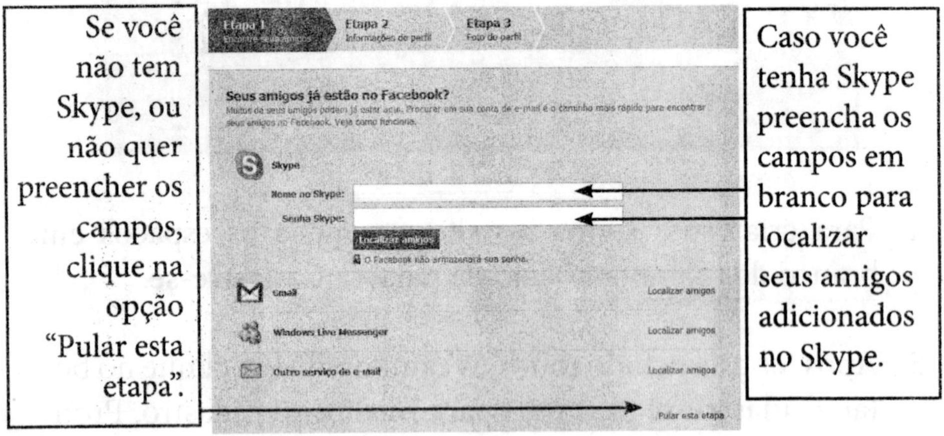

2. Após clicar na opção Pular esta etapa, aparecerá uma janela como esta:

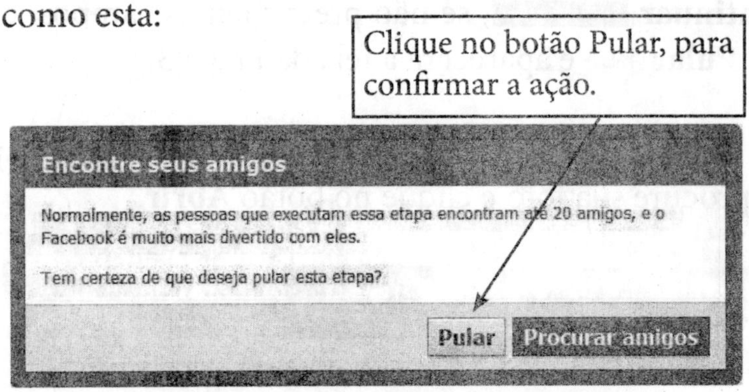

3. Após confirmar que você deseja pular a etapa, aparecerá uma tela com a Etapa 2. Veja:

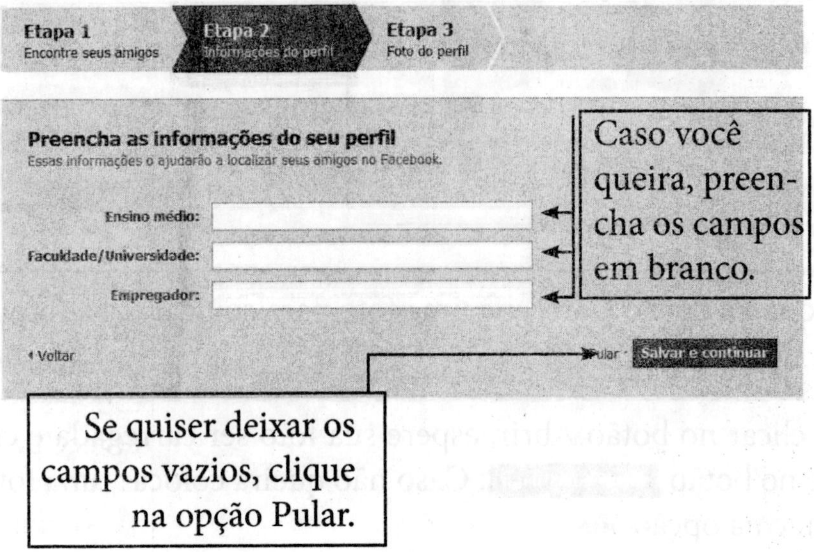

4. Se você preencheu os campos, clique no botão **Salvar e continuar** Salvar e continuar; se não preencheu os campos, clique em **Pular** Pular · e aparecerá a tela da Etapa 3.

5. Ao clicar na opção Carregue uma foto, será aberta uma janela; procure sua foto e clique no botão **Abrir**.

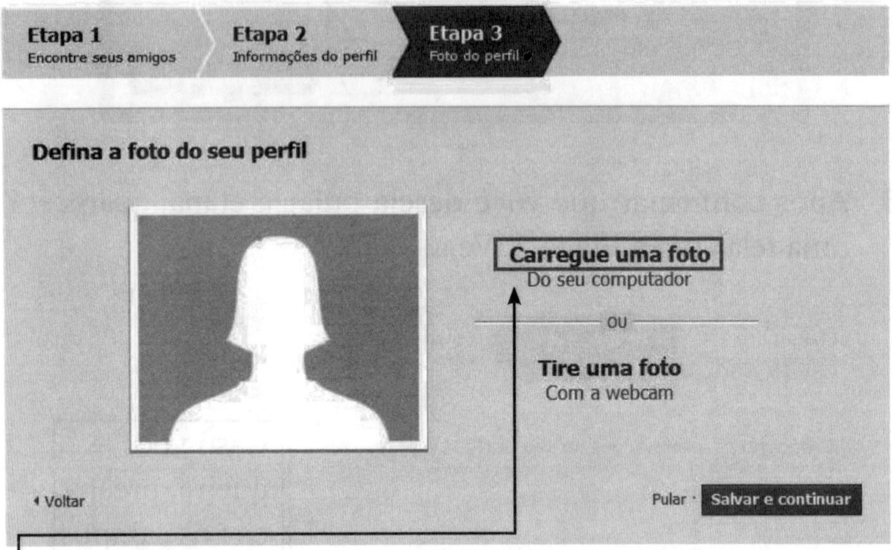

Clique na opção Carregue uma foto para colocar uma foto sua no perfil.

Ao clicar no botão Abrir, espere sua foto ser carregada e clique no botão Salvar e continuar. Caso não queira colocar uma foto, clique na opção Pular ·.

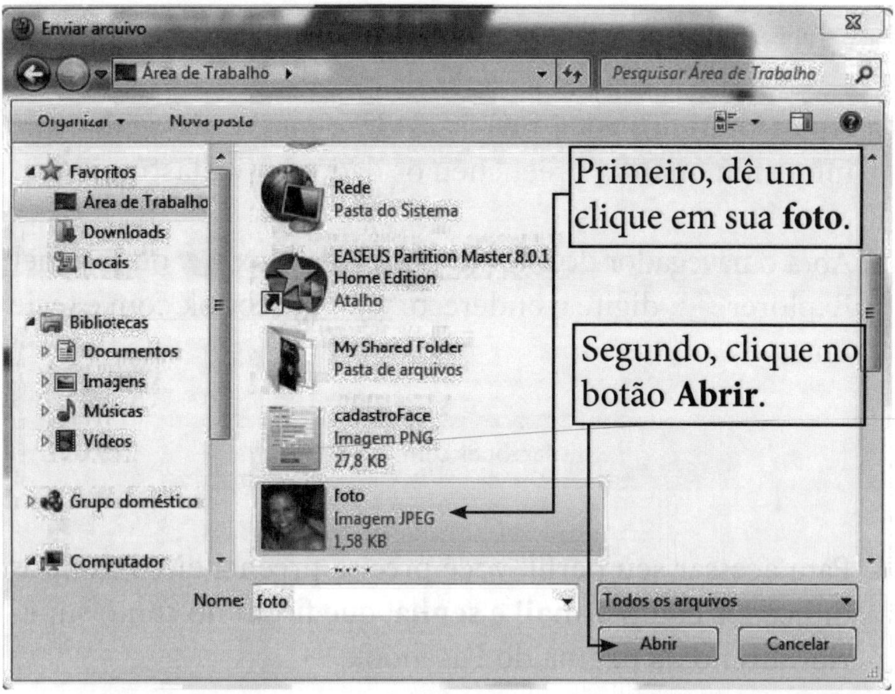

Atenção: Depois de salvar e continuar, a sua página será direcionada para a página inicial do Facebook.

Atenção: O Facebook tem duas páginas: a primeira é a página inicial, como demonstrado abaixo, e a segunda é o Perfil do usuário, que mostraremos a seguir.

Acessando o Facebook

Atenção: Se você já está conectado ao Facebook, vá para a próxima página com o item "Como utilizar o Facebook". Caso esteja acessando agora, siga os passos abaixo:

Para **acessar** a página do seu perfil no Facebook, siga os passos:

1. Antes de tudo, você precisará do *e-mail* e da senha que informou quando preencheu os dados no cadastramento.

2. Abra o navegador de internet Mozila Firefox ou Internet Explorer , digite o endereço: www.facebook.com e tecle Enter.

3. Para acessar seu perfil, você precisa preencher os campos indicados como **e-mail** e **senha**, que ficam no canto superior direito da página do Facebook.

4. Digite os dados solicitados e clique no botão **Entrar.** Veja o exemplo abaixo:

Atenção! O Facebook possui duas páginas: a primeira é a Página inicial, como demonstrado abaixo, e a segunda é o Perfil do usuário, que mostraremos a seguir.

Utilizando o Facebook

Agora que você está conectado, veja algumas explicações de como utilizar o Facebook.

→ Para utilizar o Facebook, inicie pela **Página inicial**.

Na **Página inicial**, você visualizará todas as publicações dos seus amigos e eles verão as suas publicações: mensagens, vídeos ou fotos. Atenção! Para usar o Facebook, primeiro você deve localizar seus amigos e fazer uma solicitação de amizade. Para isso, siga os passos:

1. Clique em **Pesquise pessoas, locais e coisas** ou escreva o nome e sobrenome da pessoa neste campo de pesquisa.

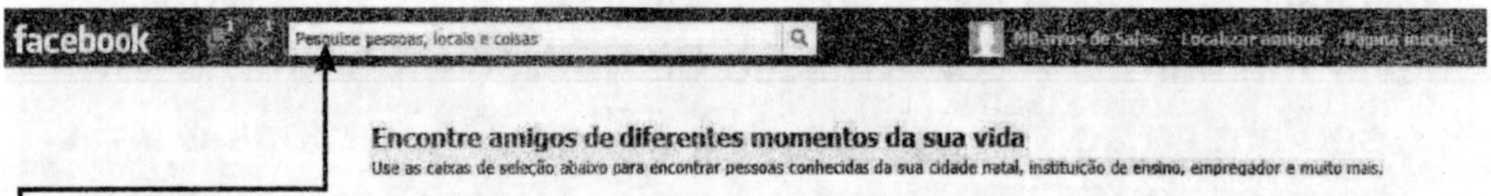
facebook
Pesquise pessoas, locais e coisas
Localizar amigos
Página inicial
Encontre amigos de diferentes momentos da sua vida
Use as caixas de seleção abaixo para encontrar pessoas conhecidas da sua cidade natal, instituição de ensino, empregador e muito mais.

No campo de pesquisa, digite o **nome** e **sobrenome** do amigo que você deseja adicionar. Você também pode colocar o nome da cidade onde seu contato mora para ajudar na busca.

2. Ao digitar o nome do seu amigo, uma lista será aberta. Observe o nome da pessoa e a foto, se houver; se for a pessoa que você procura, clique com o *mouse* no nome dela.

3. Observe que uma nova página do perfil da pessoa que você está procurando será aberta.

4. Veja que no centro da tela, na parte superior, existe o botão Adicionar aos amigos 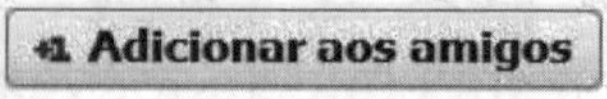

5. Dê um clique nesse botão e pronto! Agora, é só esperar a pessoa **aceitar** a solicitação de amizade.

6. Para voltar para a sua página, clique em Página inicial 

, que se encontra do lado direito superior da tela.

7. **Importante**: Repita os passos de 1 a 4 supracitados sucessivamente para procurar seus amigos ou contatos.

Atenção: Depois de localizar e adicionar seus amigos, você deverá aguardar a confirmação de amizade, que é o aceite do seu amigo ao seu pedido. Lembre-se: O Facebook é uma rede social, então, procure seus amigos, familiares ou conhecidos e envie a solicitação de amizade para cada um.

Veja outras explicações sobre a Página inicial.

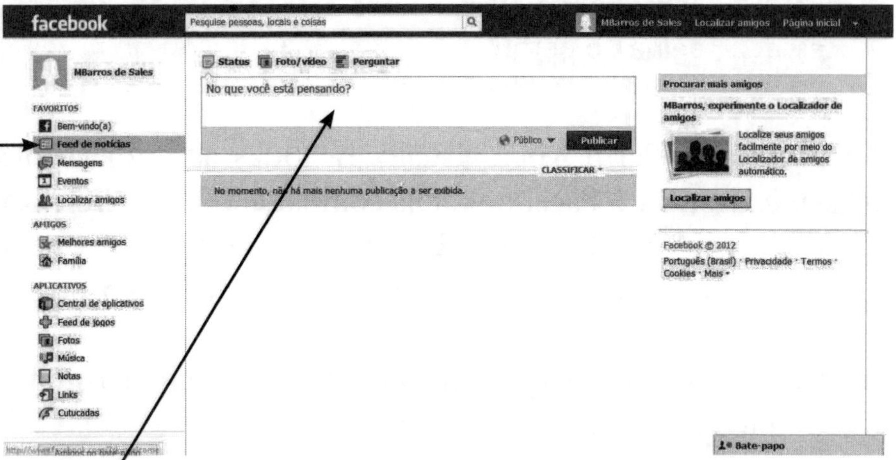

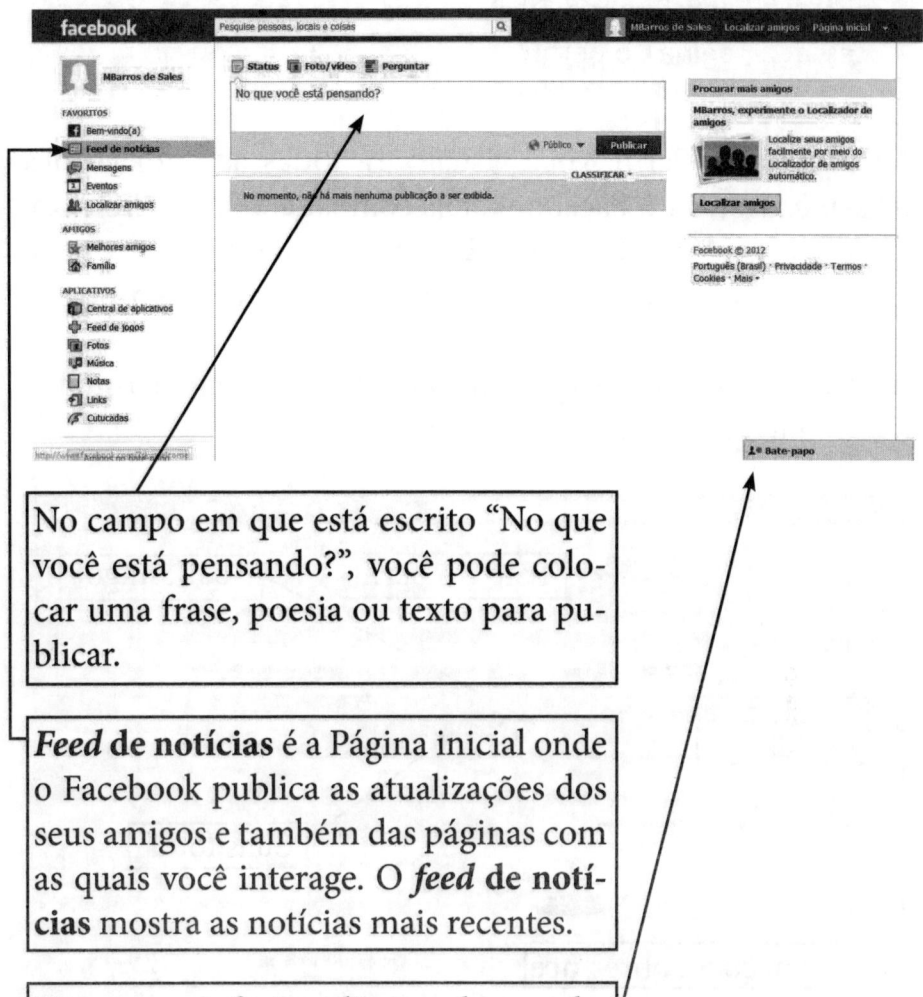

No campo em que está escrito "No que você está pensando?", você pode colocar uma frase, poesia ou texto para publicar.

***Feed* de notícias** é a Página inicial onde o Facebook publica as atualizações dos seus amigos e também das páginas com as quais você interage. O ***feed* de notícias** mostra as notícias mais recentes.

No canto inferior direito desta tela, existe uma aba Bate-papo. Ao clicar nela, será aberta uma janela com seus amigos e você poderá conversar com eles. O bate-papo do **Facebook** é muito semelhante ao bate-papo do Gmail (**Gtalk**).

Atenção! Até agora, trabalhamos na Página Inicial do Facebook e localizamos/adicionamos alguns amigos. Vamos acessar a página do perfil?

Na página do Perfil, você visualizará todas as informações do seu cadastro no Facebook, tais como, data de nascimento, cidade, profissão etc. Além disso, você pode publicar fotos, vídeos, mensagens, adicionar uma capa, acessar o bate-papo etc.

➢ Para **acessar sua Página do Perfil,** clique em seu nome, que se encontra no canto direito superior.

→ Para **escrever** alguma mensagem ou postar uma foto no seu mural, basta clicar neste campo e **publicar**. Atenção: Todo texto que você escrever aqui será visto por todos os seus amigos e os amigos deles.

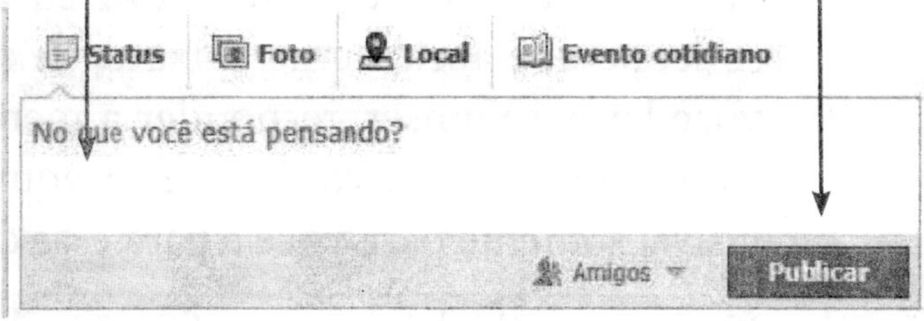

Obs.: Quando você procura uma pessoa ou um novo contato, sempre deve ir para a página do perfil dessa pessoa/contato.

Você já deve ter observado que o **Facebook** tem uma barra superior, de cor azul, que é comum tanto na **Página inicial** como na página do seu **perfil**. Veja:

Nessa mesma barra, do lado esquerdo, você encontrará alguns ícones para alertá-lo sobre as mensagens, notificações e solicitações, como na figura.

Veja abaixo algumas explicações sobre cada um desses ícones.

→ Para ver se você possui **mensagens**, **notificações** gerais e **solicitações** de amizade, clique no ícone que você deseja acessar. Veja abaixo a explicação de cada uma:

 **Mensagem**	Neste exemplo, há uma mensagem; clique no ícone para vê-la. Se você recebeu no seu perfil uma mensagem via bate-papo de alguém, deve clicar nesse ícone que abrirá uma caixa de texto para você ler e, se quiser, responder à mensagem. Importante: O que você escrever aqui, ficará visível somente para você e para esse contato.
 **Notificação**	Neste exemplo, há uma notificação; clique no ícone para vê-la. Significa que algum contato seu colocou seu nome em algo que ele postou, tal como, foto, mensagem etc.
 **Solicitação**	Neste exemplo, há uma solicitação de amizade, ou seja, alguém está querendo ser seu amigo. Clique no ícone para ver os dados da pessoa que está fazendo a solicitação. Você pode confirmar ou ignorar/rejeitar a solicitação.

➢ Para **enviar mensagem** para um contato, você deverá acessar o perfil do seu contato, digitando o nome dele; quando encontrar, dê **Enter** no contato selecionado.

1. Depois que você acessou a página do perfil desse contato/ pessoa, poderá enviar uma mensagem. Procure no lado direito, na parte superior da tela, este botão 

e clique nele.

2. Será aberta uma tela, como a apresentada abaixo; **digite** a mensagem e clique em **Enviar** para enviar a mensagem.

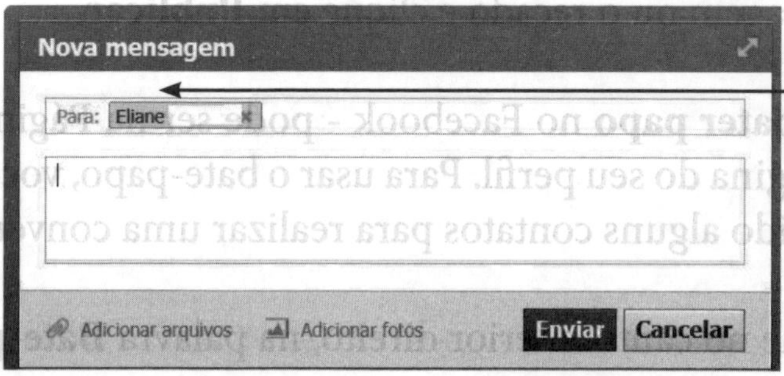

3. Sua mensagem foi enviada. Para voltar à sua página, clique em **Página inicial** 

no canto superior direito da tela.

➢ Para **enviar uma mensagem** para um contato que todos os outros participantes da sua rede social vejam, siga os passos:

1. Acesse a página do perfil do contato para quem você deseja enviar a mensagem.

2. Observe que, do lado esquerdo, logo abaixo da fotografia da pessoa, há uma janela, como no exemplo abaixo.

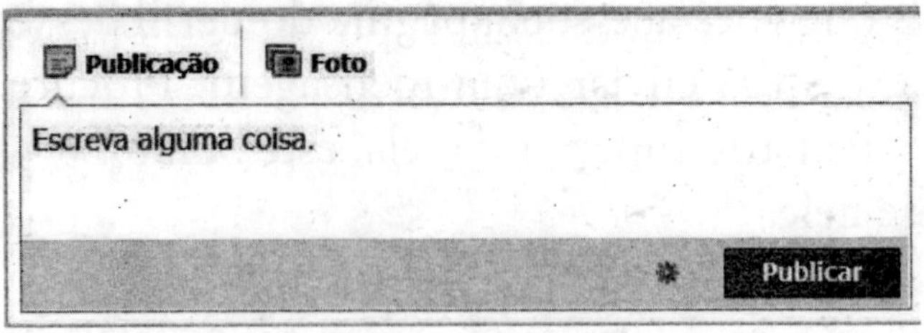

3. Clique onde está escrito "Escreva alguma coisa" e digite a mensagem ou o recado e clique em **Publicar**.

→ Para **bater papo** no Facebook - pode ser na Página inicial ou na página do seu perfil. Para usar o bate-papo, você já deve ter inserido alguns contatos para realizar uma conversa.

1. Clique no canto inferior direito, na palavra **Bate-papo**.

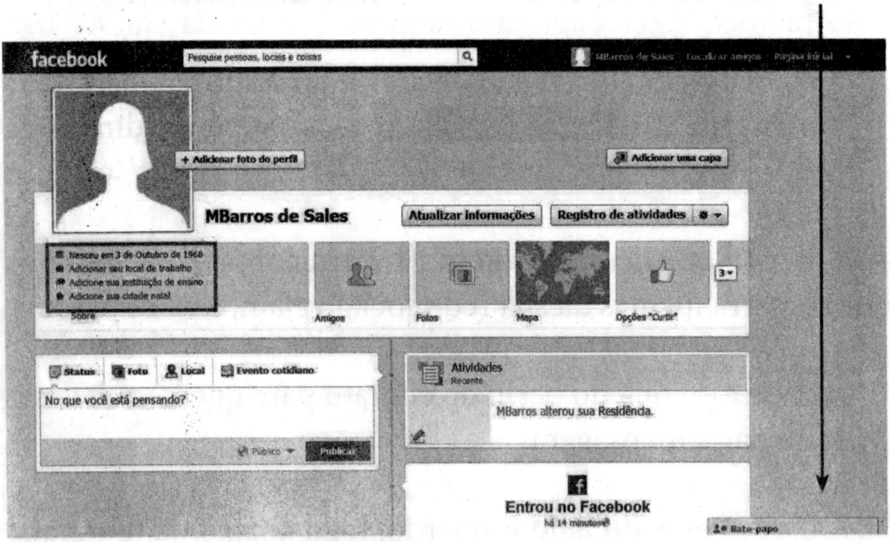

Lembre-se: Você só irá bater papo com as pessoas que estão na sua lista de contatos.

2. Se o bate-papo estiver desativado 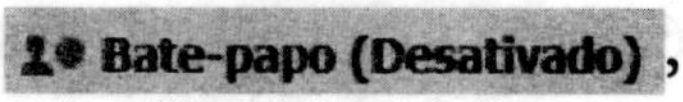

, basta clicar nele que ele reativará.

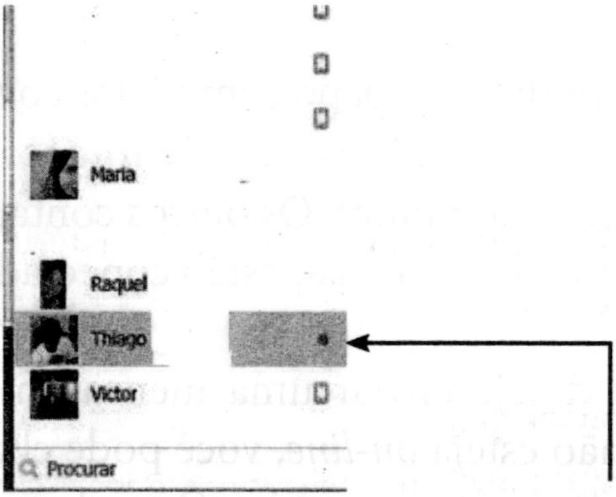

3. Uma lista com a relação dos seus contatos se abrirá. Veja o exemplo:

4. Para você bater papo com algum contato da sua lista, é necessário que esse contato esteja *on-line*, que é indicado por uma **bolinha verde** na frente do nome do contato 

. Para bater papo, clique no nome do contato.

5. Será aberta uma tela semelhante a esta. Para iniciar o bate-papo, clique nesse campo e comece a digitar.

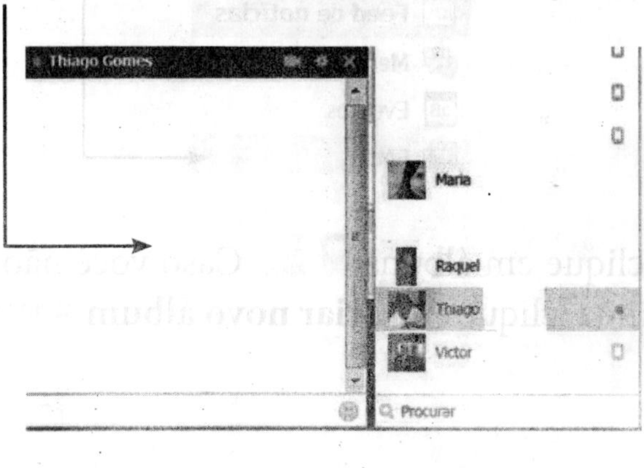

6. Depois que você concluiu a mensagem, tecle **Enter** para enviar a sua mensagem. Agora, é só aguardar a resposta do seu contato.

7. Você pode bater papo com vários contatos ao mesmo tempo, basta que eles estejam ***on-line*** (com a bolinha verde na frente do nome). Os outros contatos que não estiverem com essa bolinha não estão conectados no momento.

8. Caso deseje enviar uma mensagem para algum contato que não esteja *on-line*, você pode clicar no contato, escrever a mensagem e enviar. Quando o seu contato entrar no **Facebook**, ele verá a notificação de mensagem.

➔ Para **postar fotos** no seu álbum:

1. Acesse sua Página inicial e logo abaixo do seu nome, clique em fotos Fotos.

2. Depois, clique em álbuns 1 Álbuns. Caso você não tenha um álbum ainda, clique em **Criar novo álbum** Criar novo álbum.

3. Após clicar no álbum, clique em **Adicionar fotos**. Indique o caminho para acessar as fotos, escolha a(s) foto(s) e clique em **Abrir;** depois de carregadas as fotos, clique em **Publicar Fotos**.

➣ Para **mudar a sua foto** no seu perfil, siga os passos:

1. Vá para a página do seu perfil. Clique em seu nome na barra azul, no canto superior direito.

2. Se você não tem foto, aparecerá a seguinte imagem com a forma de pessoa no local da foto.

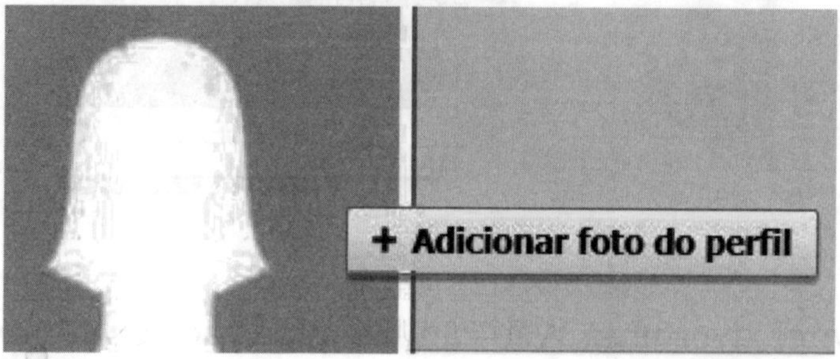

3. Veja que na frente, aparece a seguinte mensagem: "Adicionar foto do perfil" ou "Editar imagem do perfil"; clique nessa frase.

4. Pode aparecer a seguinte tela com um aviso:

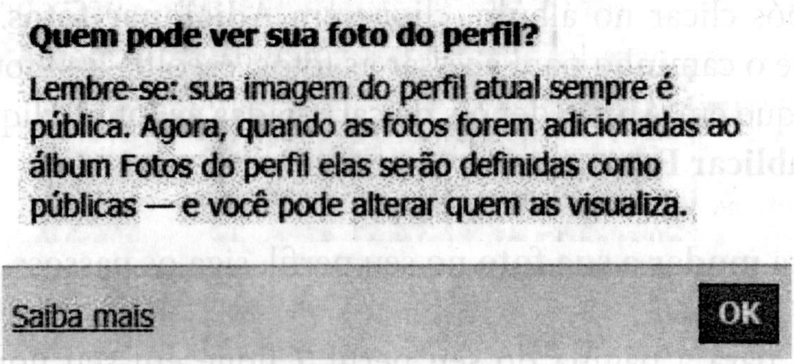
Quem pode ver sua foto do perfil?
Lembre-se: sua imagem do perfil atual sempre é pública. Agora, quando as fotos forem adicionadas ao álbum Fotos do perfil elas serão definidas como públicas — e você pode alterar quem as visualiza.
Saiba mais
OK

5. Se você concordar, clique em **OK**. Aparecerá outra tela perguntando se você quer tirar uma foto ou enviar uma foto.

6. Se você tiver uma Web cam acoplada ao seu computador, poderá **Tirar a foto**.

7. Se não tiver uma *Web cam*, poderá buscar alguma foto que esteja armazenada no seu computador, *pendrive* ou outro dispositivo de armazenamento.

8. Para isso, clique em **Enviar foto**.

9. Será aberta outra tela na qual você terá que procurar o caminho para localizar (pasta, *pendrive*, local do disco) a foto desejada.

10. Depois de escolhida, clique em **Abrir**.

11. Pronto! A foto escolhida já está no seu perfil.

O que é *Feed* de notícias?

***Feed* de notícias** é a sua Página inicial. Nesta área, o Facebook publica as atualizações dos seus amigos e das páginas com as quais você interage.

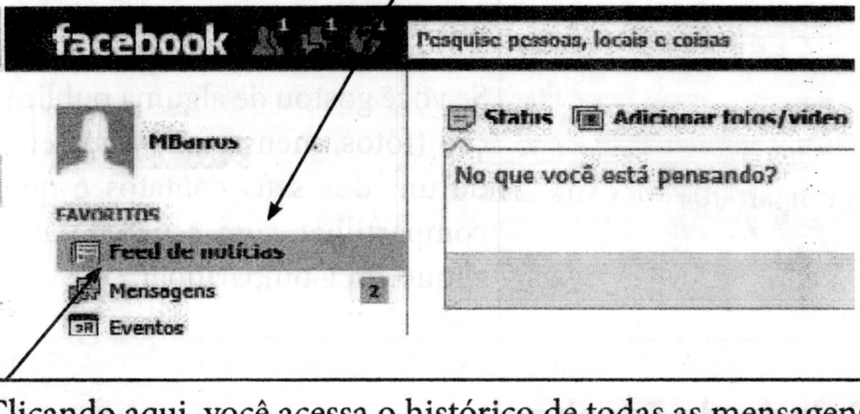

Clicando aqui, você acessa o histórico de todas as mensagens (bate-papo) trocadas com seus contatos. O número ao lado significa quantas mensagens você tem ainda não lidas.

O *Feed* de notícias mostra as principais notificações, notícias e mensagens mais recentes postadas pelos participantes da sua lista de contatos.

Se você quiser, poderá fazer as seguintes **ações** (tanto no *Feed* de notícias como na página do seu Perfil) em relação a essas notícias/notificações/mensagens:

	Quando você gostar de algo que seu amigo publicou no seu mural ou nas publicações na sua Página inicial, clique em Curtir.
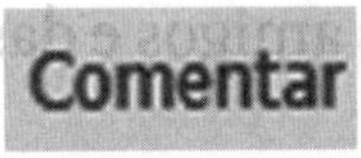	Se você quiser comentar alguma publicação do seu amigo no seu mural ou nas publicações na sua Página inicial, clique em Comentar e escreva seu recado, depois, dê um Enter.
	Se você gostou de alguma publicação (fotos, mensagem, vídeo etc.) de um dos seus contatos e quer compartilhar com seus contatos, clique em Compartilhar.

Saindo do Facebook

➔ Para **sair** do Facebook:

1. No canto direito da **Página inicial,** clique na setinha  .

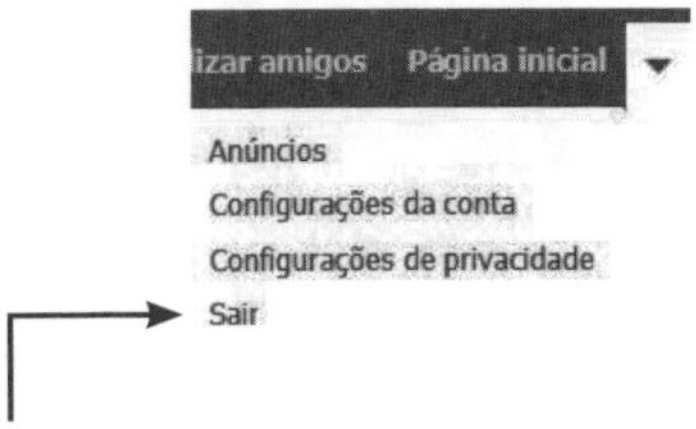

2. Clique em Sair.

Atenção! O Facebook pode sofrer algumas alterações nas suas versões e, consequentemente, alguns passos podem ficar diferentes do que foi mostrado aqui.
Para aprender mais sobre o Facebook e como personalizar, criar grupos, bloquear contato, mudar as configurações ou privacidade, acesse o Youtube e procure por "Como usar o Facebook" ou "Facebook passo a passo".

Capítulo 7

Conversando com Áudio e Vídeo via Internet

Oficina 7.1

Neste capítulo, utilizaremos um *software* para conversamos pela Internet. O *software* escolhido foi o Skype da Skype Technologies, uma empresa internacional. A escolha desse *software* se deu por ele ser gratuito e ser fácil de usar. O Skype permite a comunicação de voz, vídeo e bate-papo grátis entre os seus usuários. Esse *software* está disponível em vários idiomas e fornece serviços pagos que permitem a comunicação de e para telefones fixos e celulares etc. (Wikipedia, 2012).

O que é preciso para utilizar os serviços do Skype?

O Skype [**pronuncia-se: scaipe**] é um *software* e precisa ser instalado no seu computador. Além disso, você precisa ter um domínio, como no Gmail, para poder utilizar os serviços oferecidos por ele.

Criando uma Conta no Skype

➔ Para **criar uma conta** no Skype, siga os passos:

1. Primeiro, acesse o site do Skype, clique no botão Iniciar , que está no canto inferior esquerdo do monitor, movimente o cursor do mouse até a palavra Todos os Programas , arraste o mouse até encontrar Mozilla Firefox ou Internet Explorer e dê um clique. Se preferir, procure na sua área de trabalho (desktop) o ícone ou e clique duas vezes. Clique duas vezes rapidamente nele ou dê um clique e aperte a tecla Enter.

2. Na parte superior da janela, existe um ícone que representa o Mozilla Firefox, como indicado abaixo:

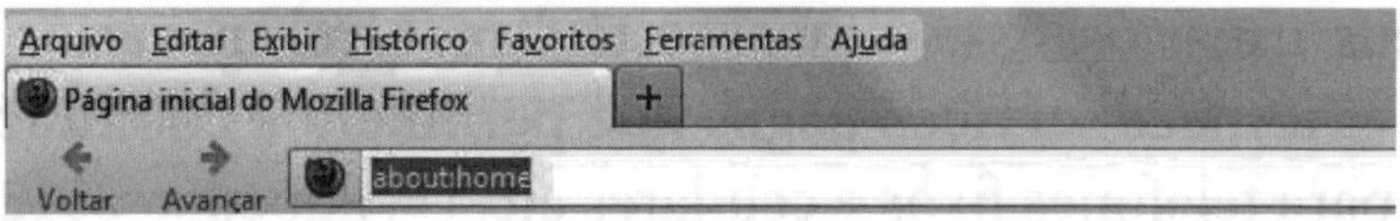

3. Posicione o mouse sobre o nome do site que estiver no campo ao lado do símbolo e dê um clique. Observe se ficou selecionado.

4. No teclado, procure a tecla Delete e aperte-a.

5. Agora, digite www.skype.com, depois, tecle Enter no teclado.

> Para acompanhar as oficinas deste capítulo, você deverá primeiro criar uma conta no Skype. Para isso, observe na tela que está ilustrada na próxima página o botão Começar a usar, que se encontra no lado superior direito dela. Clique uma vez com o mouse nele e preencha os dados que serão solicitados para você abrir uma conta no Skype. **Lembre-se de anotar em um lugar seguro o seu nome de usuário e senha.**

6. Agora, vamos criar uma conta (domínio) clicando no botão 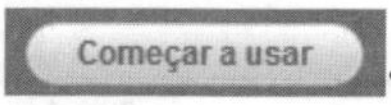.

7. Ao clicar neste botão, será aberta uma tela com cadastro. Preencha todos os campos, tais como, nome, sobrenome, usuário etc.

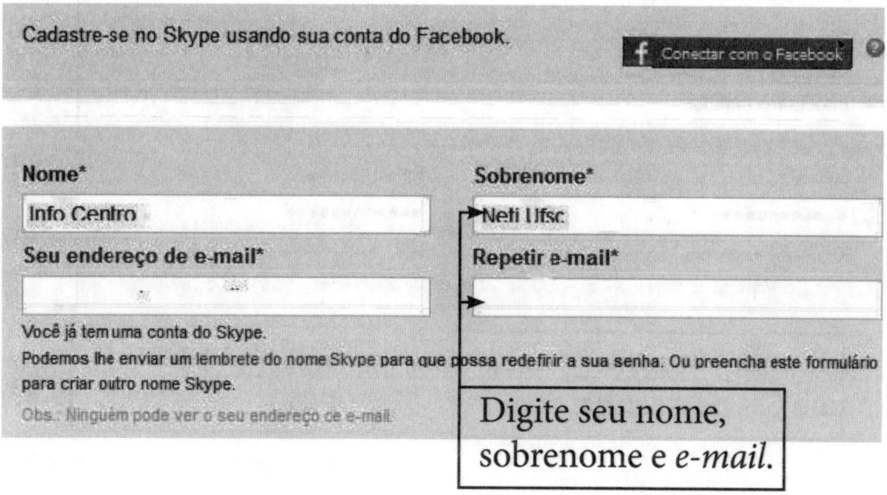

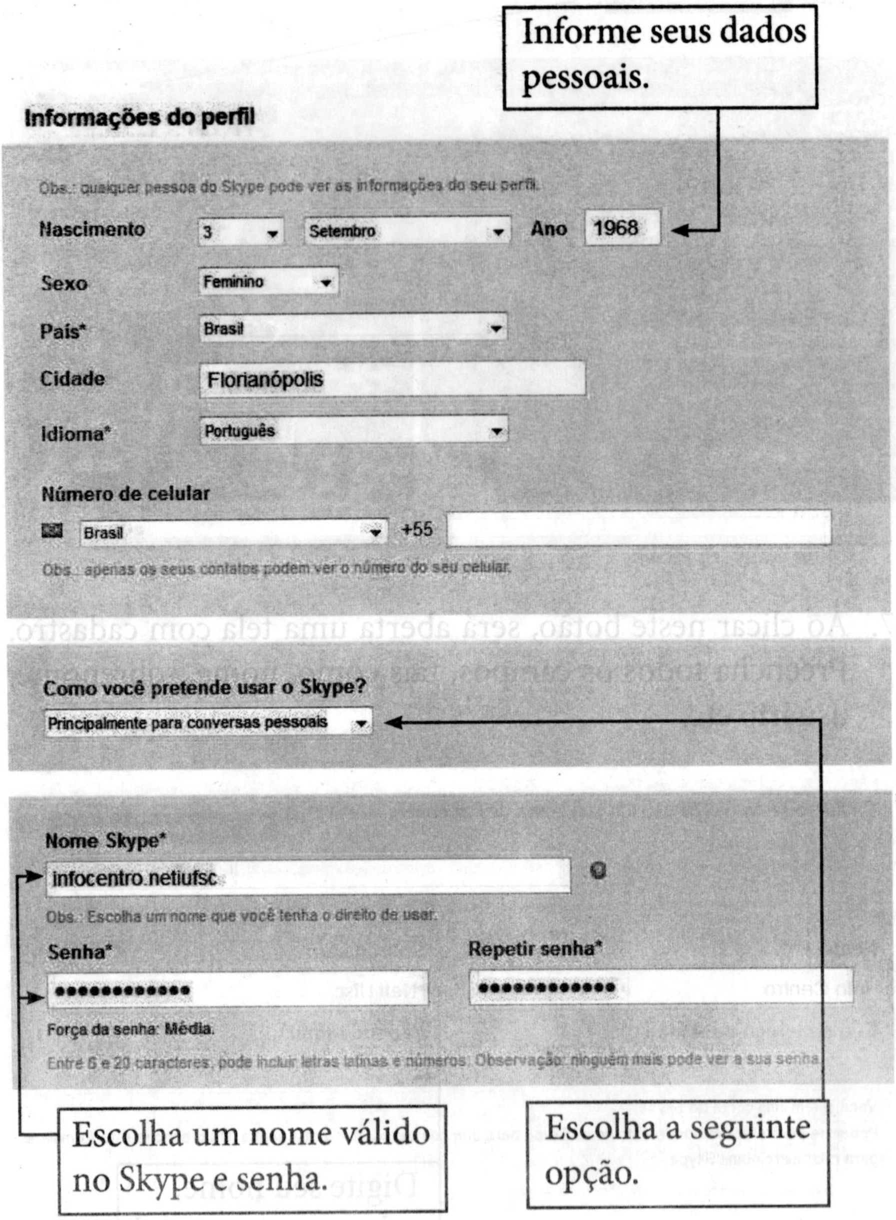
Informe seus dados pessoais.
Informações do perfil
Obs.: qualquer pessoa do Skype pode ver as informações do seu perfil.
Nascimento
3
Setembro
Ano
1968
Sexo
Feminino
País*
Brasil
Cidade
Florianópolis
Idioma*
Português
Número de celular
Brasil
+55
Obs.: apenas os seus contatos podem ver o número do seu celular.
Como você pretende usar o Skype?
Principalmente para conversas pessoais
Nome Skype*
infocentro.netiufsc
Obs.: Escolha um nome que você tenha o direito de usar.
Senha*
Repetir senha*
Força da senha: Média.
Entre 6 e 20 caracteres, pode incluir letras latinas e números. Observação: ninguém mais pode ver a sua senha.
Escolha um nome válido no Skype e senha.
Escolha a seguinte opção.

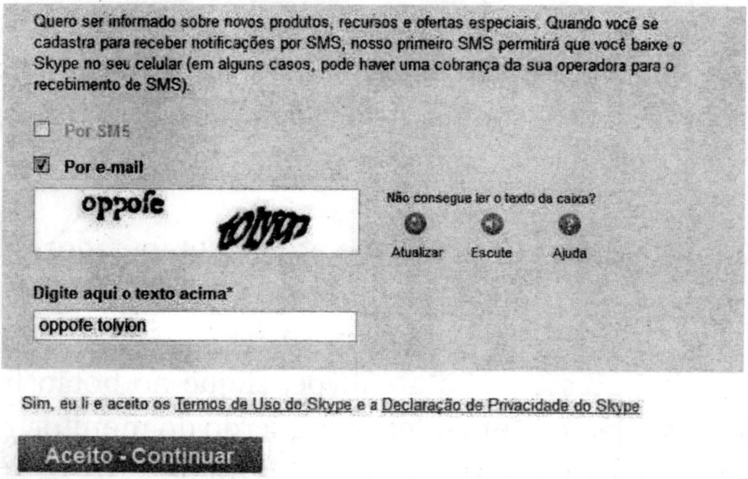

8. Para continuar o cadastro, clique no botão **Aceito - Continuar** Aceito - Continuar.

9. Será aberta outra página, no passo 2 do cadastro, com algumas opções sobre o cadastro. Escolha a opção mostrada a seguir:

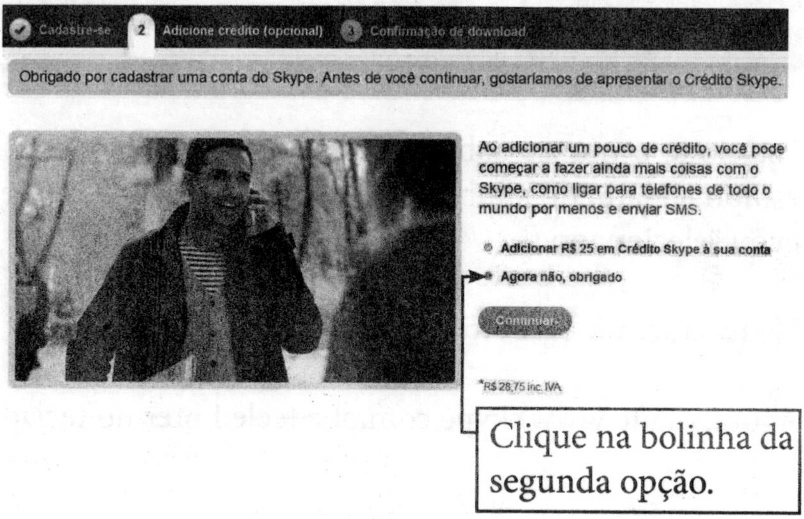

10. Clique no botão Continuar Continuar.

11. Após clicar no botão, continuará aparecer uma imagem de confirmação, como a mostrada abaixo. Pronto! Agora, você já possui uma conta no Skype.

→ Para instalar o software Skype no seu computador, siga os passos:

1. Primeiro, acesse o site do Skype, clique no botão Iniciar, que está no canto inferior esquerdo do monitor, movimente o cursor do mouse até a palavra Todos os Programas, arraste c mouse até encontrar Mozilla Firefox ou Internet Explorer e dê um clique.

2. Na parte superior da janela, existe um ícone que representa o Mozilla Firefox, como indicado abaixo:

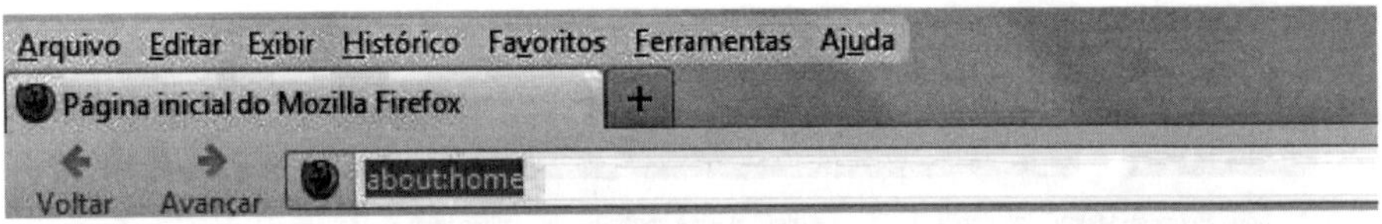

3. Posicione o mouse sobre o nome do site que estiver no campo ao lado do símbolo e dê um clique. Observe se ficou selecionado.

4. No teclado, procure a tecla Delete e aperte-a.

5. Agora, digite www.skype.com.pt e tecle Enter no teclado.

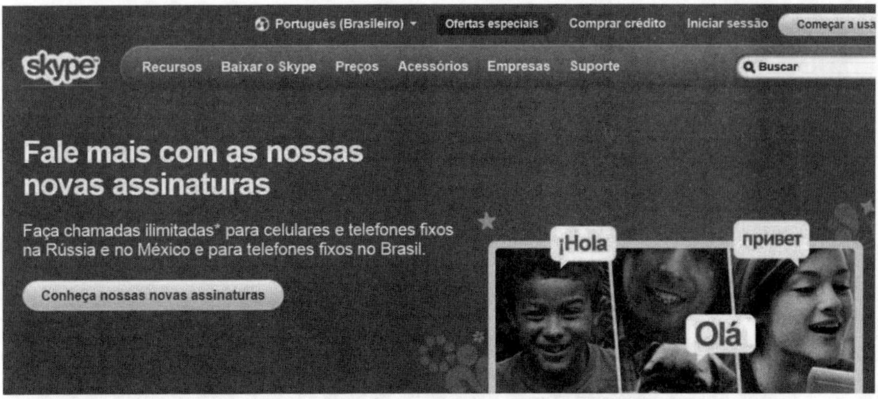

Passe o mouse sobre a aba **Baixar ou Obter** o Skype. Um submenu será aberto com algumas opções; escolha a opção do lado esquerdo que diz **Windows** e dê um clique. Veja:

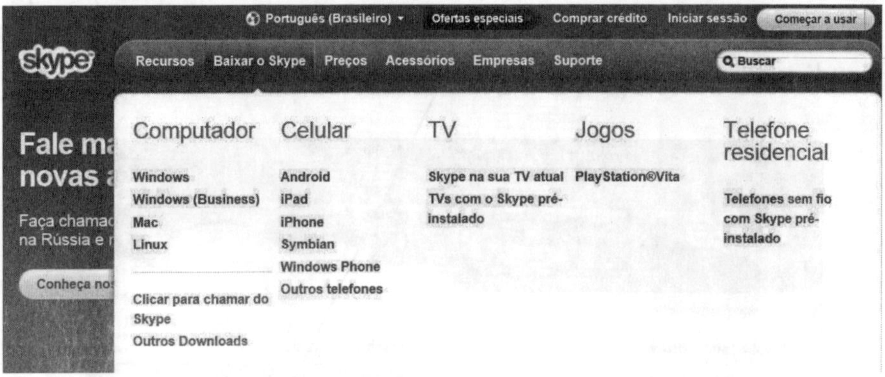

6. Após clicar na opção Windows, será aberta outra página do site. No final dessa página, no lado esquerdo, existe um botão com o nome Descarregar/Baixar o Skype ; dê um clique nesse botão.

7. Clique em Executar.

8. Será aberta outra janela, como a mostrada abaixo. Clique no botão Concordo – Avançar, que está no canto inferior direito dessa janela. Veja:

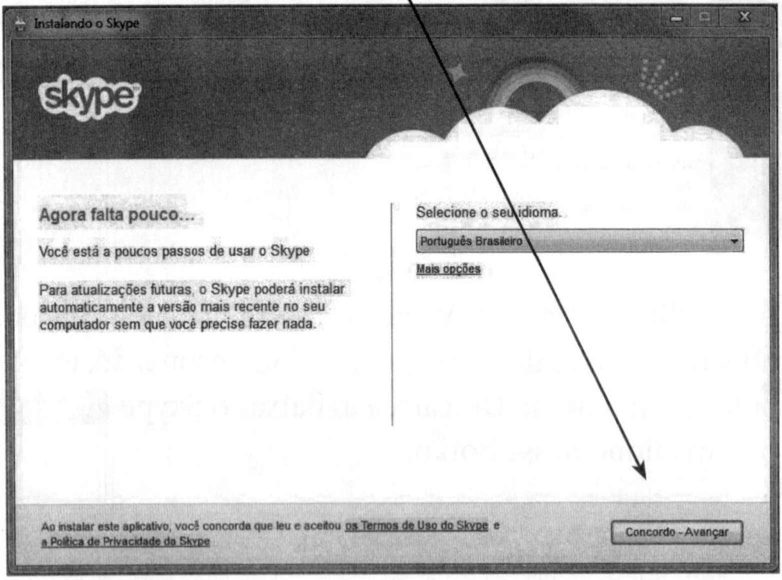

9. Outra janela será aberta, mostrando o progresso de instalação do software Skype. Agora, você só precisa aguardar.

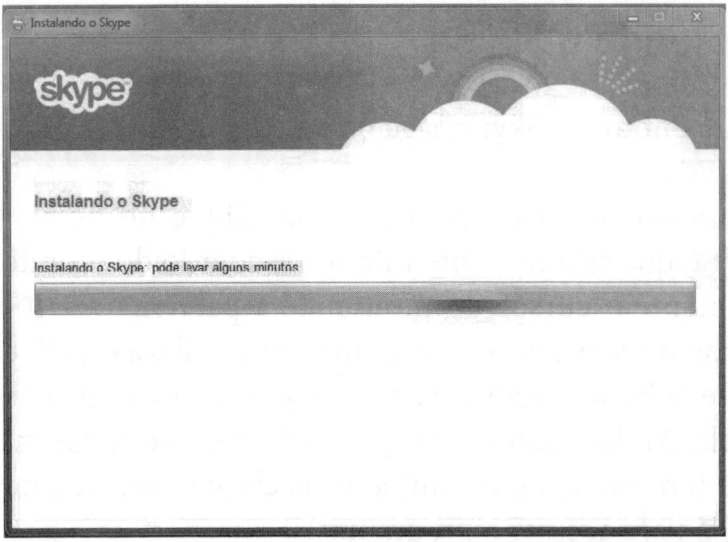

10. Ao término da instalação, aparecerá a seguinte tela. Veja:

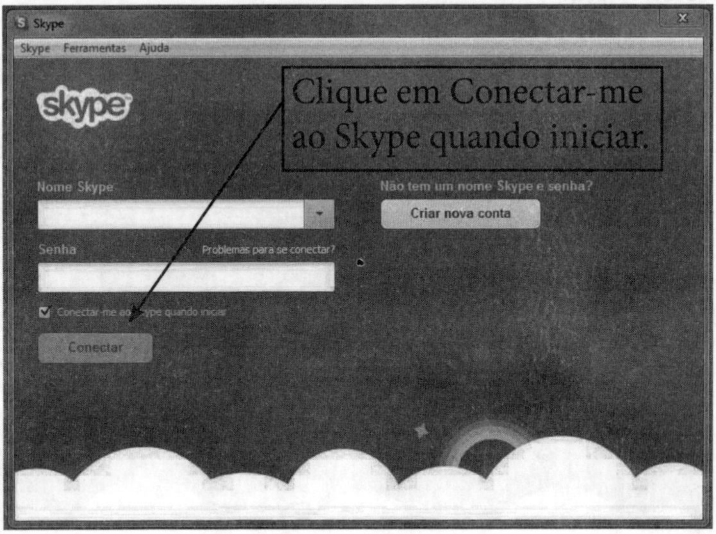

Pronto! Agora o software do Skype já está instalado no seu computador e você poderá começar a utilizá-lo.

Acessando o Skype

→ Para entrar no Skype, siga os passos:

1. Para acessar o programa Skype, clique no botão Iniciar , que está no canto inferior esquerdo do monitor, movimente o cursor do mouse até a palavra Todos os Programas, procure a pasta com o nome Skype Skype , dê um clique nela. Será aberta a opção Skype Skype ; dê um clique nela. Muitas vezes, o programa Skype já está na sua barra de tarefas. Se assim for, apenas clique uma vez no ícone para acessar o programa.

2. Aparecerá uma tela com campos em branco para você preencher. Veja:

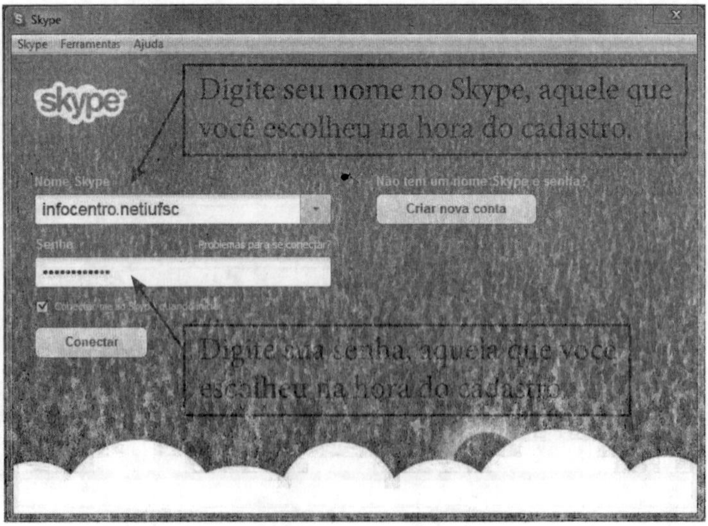

3. Clique no botão Conectar  para entrar no Skype.

4. Pronto! Agora, você já está conectado e poderá falar com seus amigos via bate-papo Skype, chamada de voz ou vídeo. Veja a janela que será aberta:

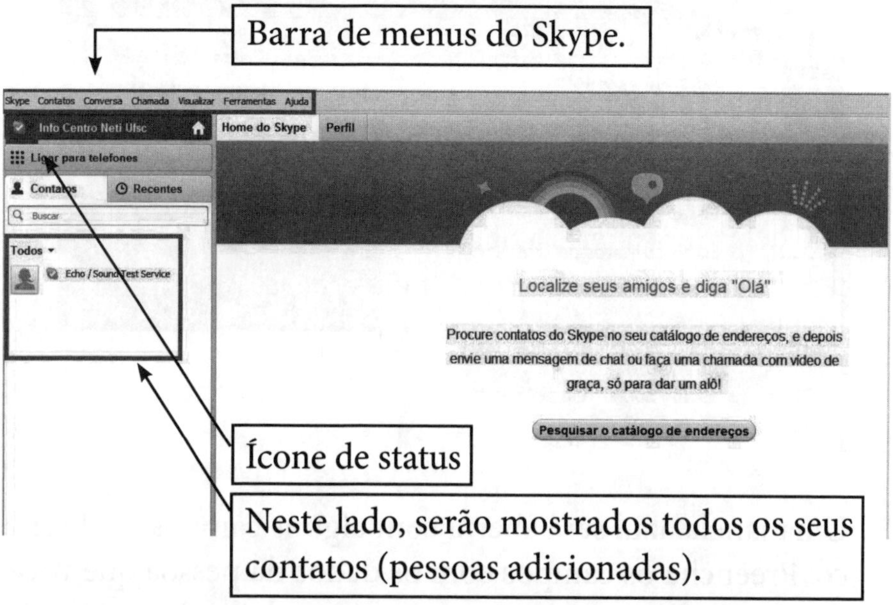

Agora que você já possui uma conta no Skype e já sabe acessá-lo, é hora de adicionar seus amigos, parentes, conhecidos. Vamos ao trabalho!

➔ Para **adicionar** um contato ao Skype, siga os passos:

1. Na barra de menus do Skype, na parte superior direita, clique na opção **Contatos** e será aberto um submenu. Escolha a opção **Adicionar contato**. Veja:

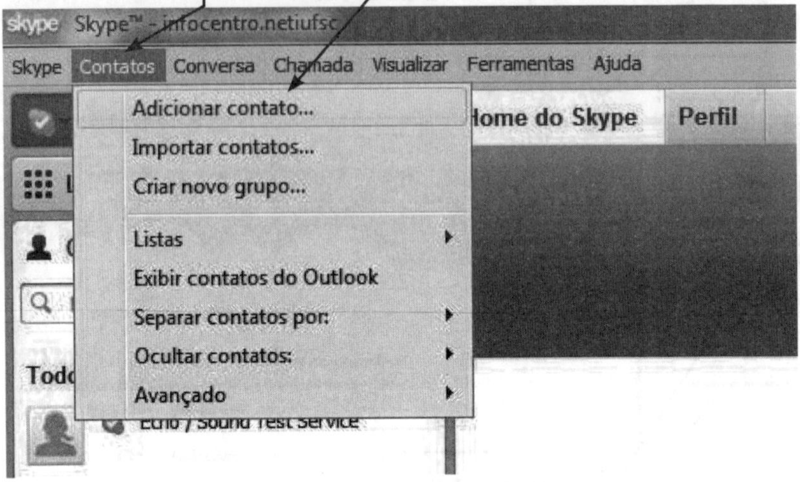

2. Uma janela azul será aberta com alguns campos em branco. Preencha os campos com os dados da pessoa que você deseja adicionar, mas, antes, peça esses dados à pessoa, tais como, *e-mail*, nome completo e nome no Skype (é possível repetir o mesmo nome completo ou, se preferir, colocar um apelido). Veja:

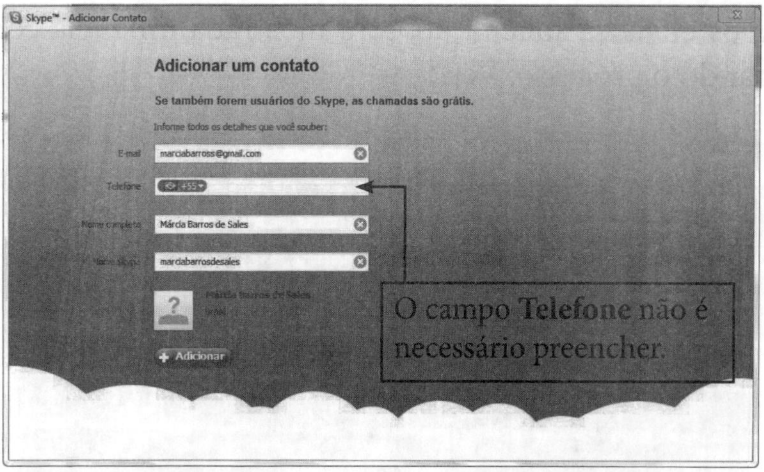

3. Após preencher os campos, aparecerá uma ou mais opções de pessoas com os dados que você preencheu. Veja a foto. Caso tenha, certifique-se de que seja a pessoa certa. Se assim for, clique no botão **Adicionar** + Adicionar para finalizar o processo.

4. Logo após, outra janela se abrirá. Clique no botão **Enviar solicitação** para que o convite seja enviado. Veja:

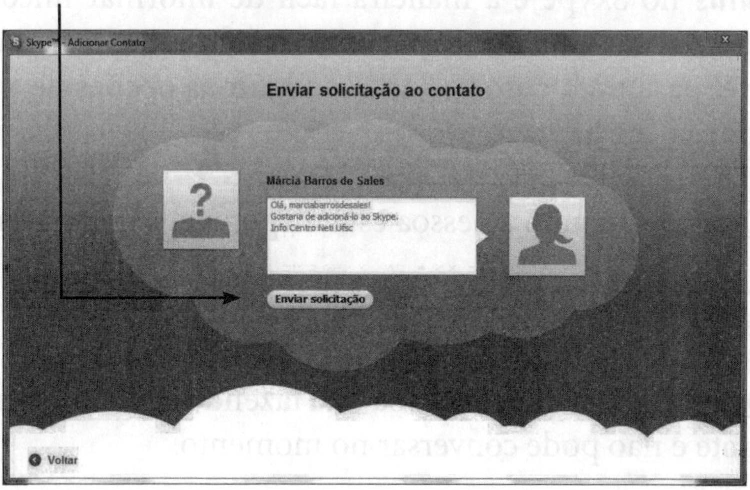

5. Após enviar a solicitação, será mostrada uma tela confirmando o processo. Veja:

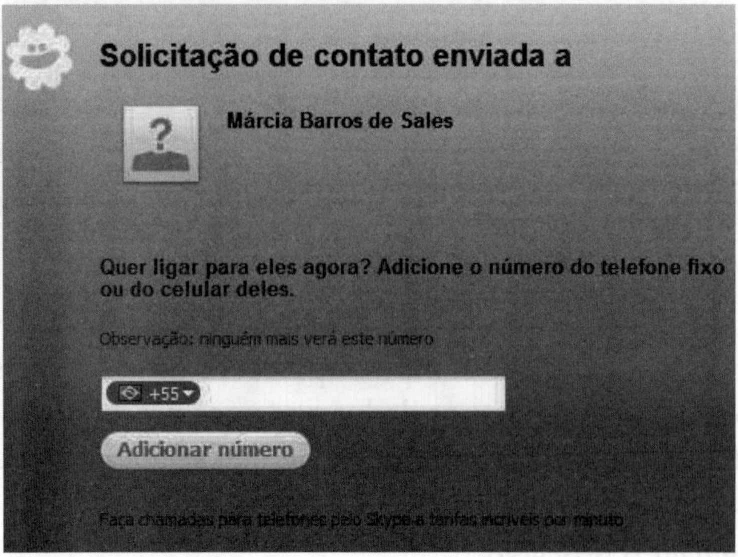

→ Para **modificar seu *status*** no Skype:

O ***status*** no Skype é a maneira fácil de informar imediatamente aos seus contatos o que você está fazendo e se está disponível para uma conversa. Veja a seguir as opções de ***status*** disponíveis no Skype:

Online: Quando a pessoa está disponível para conversar.

Ausente: Quando a pessoa não está no computador.

Ocupado: Quando a pessoa está fazendo alguma coisa importante e não pode conversar no momento.

Invisível ou Offline: Quando a pessoa não pode ser vista ou não está na Internet no momento.

Para você alterar o seu ***status***, você deve selecionar manualmente, clicando na opção desejada. Siga os passos:

1. Localize seu nome no canto superior esquerdo da tela, logo abaixo da barra de menus. Neste exemplo, o nome é Infocentro NETI UFSC.

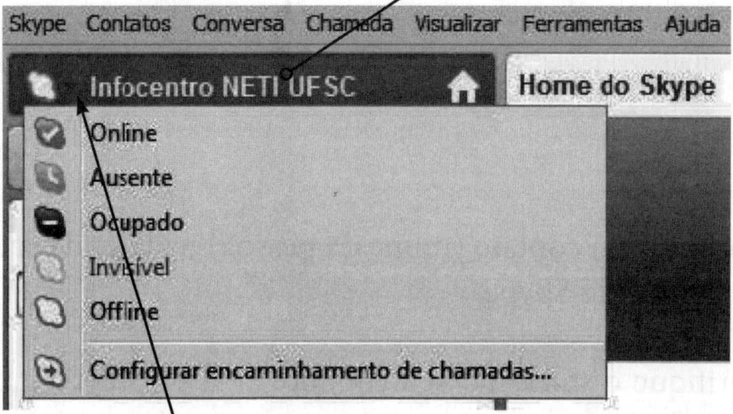

2. Ao lado do seu nome, haverá o ícone do seu *status* e uma seta para baixo; dê um clique nessa seta. Ao clicar, será aberto um menu com as opções: online, ausente, ocupado, invisível e offline. Escolha uma das opções e dê um clique nela.

→ Para convidar uma pessoa para o **bate-papo** ou uma **chamada de voz** ou **vídeo**, siga os passos:

1. Localize seu contato (nome da pessoa) na lateral esquerda da página do Skype.

2. Verifique o *status* do seu contato. Se a pessoa com quem você deseja conversar estiver *on-line*, o ícone será verde  e você poderá chamá-la para uma conversa.

3. Dê dois cliques no nome da pessoa com a qual você deseja conversar. Se preferir, dê um clique e aperte a tecla **Enter** (teclado).

4. Uma nova janela abrirá. É a janela de conversa ou bate--papo. Veja:

Nome da pessoa que você escolheu para conversar.

Botão **Ligar:** ao clicar, você estará convidando a pessoa para uma conversa com voz.

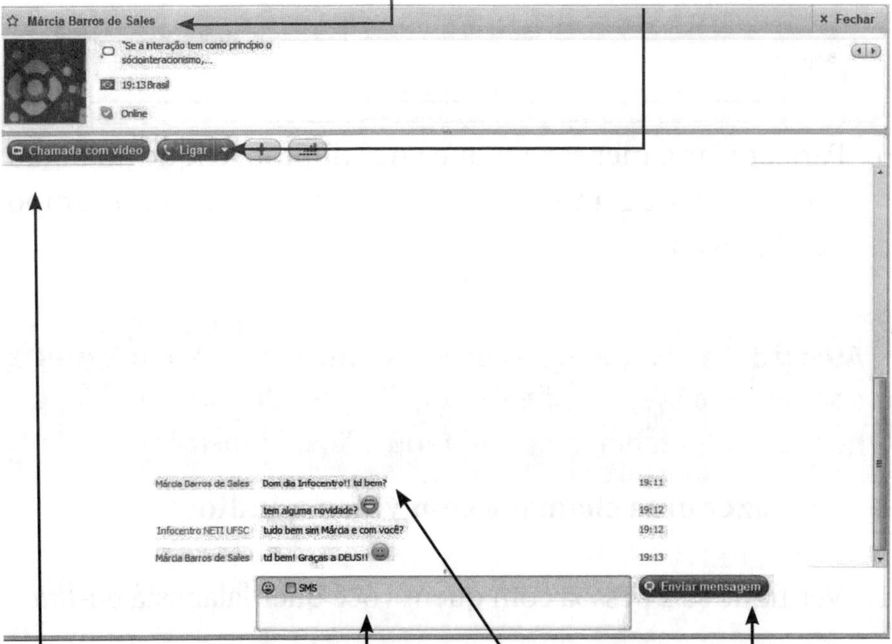

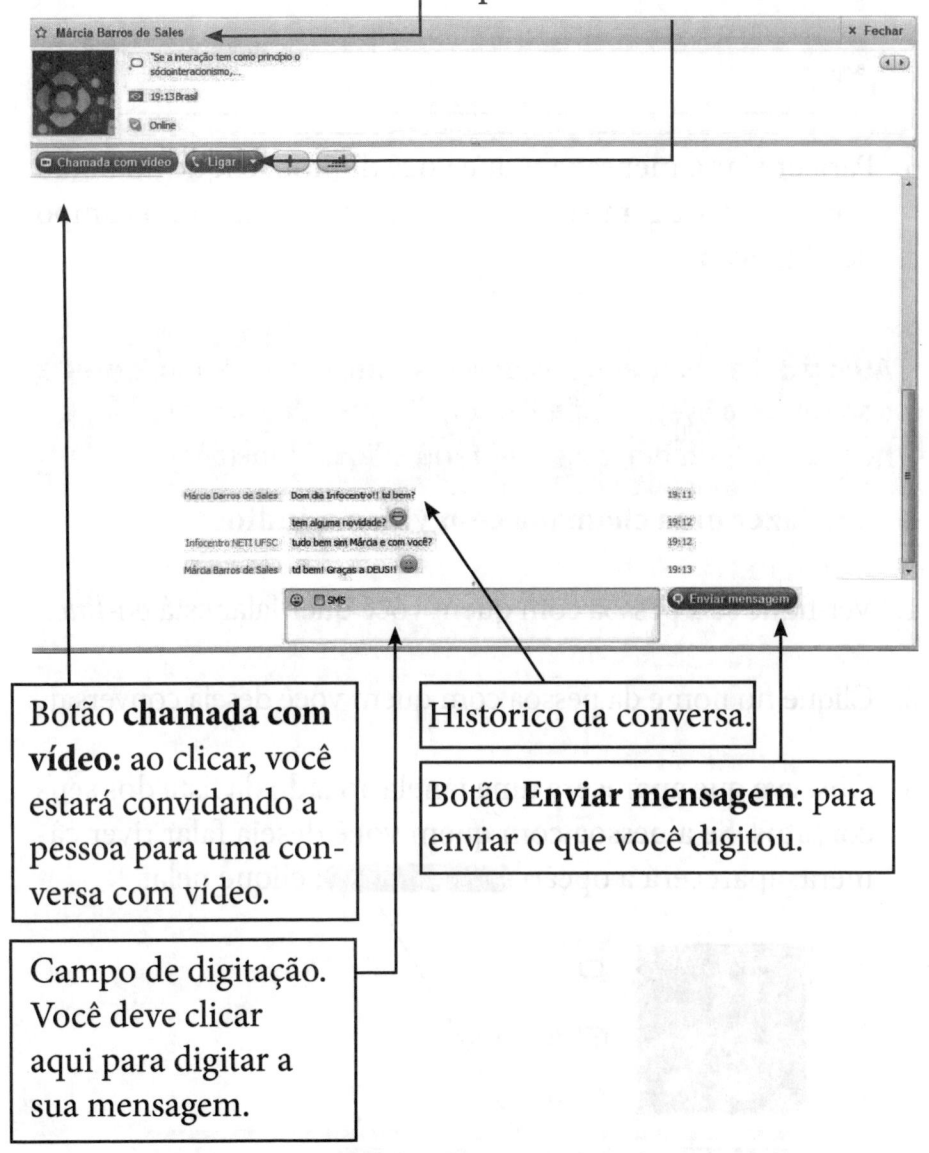

Botão **chamada com vídeo:** ao clicar, você estará convidando a pessoa para uma conversa com vídeo.

Histórico da conversa.

Botão **Enviar mensagem**: para enviar o que você digitou.

Campo de digitação. Você deve clicar aqui para digitar a sua mensagem.

5. Para escrever uma mensagem, digite o que desejar no campo em branco, na parte inferior da janela de conversação. Veja um exemplo:

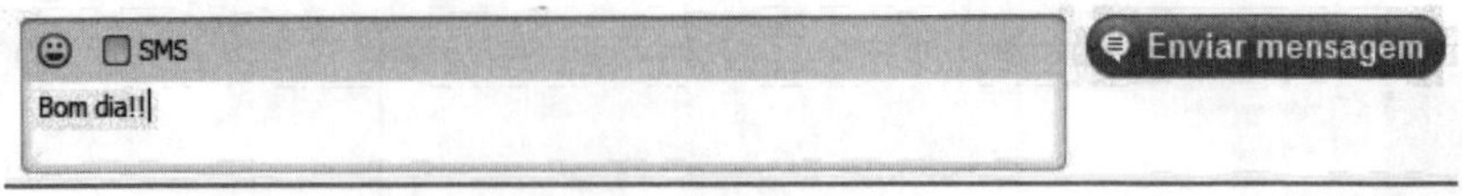

6. Para enviar a mensagem que você digitou, clique no botão **Enviar mensagem**, que fica ao lado do campo de digitação.

Atenção: Para iniciar uma conversa com vídeo e áudio, é preciso ter uma Web cam, microfone e caixa de som instalados no seu computador, caso contrário, não irá funcionar.

→ Para **fazer uma chamada com vídeo e áudio**:

1. Verifique se a pessoa com quem você quer falar está *on-line*.

2. Clique no nome da pessoa com quem você deseja conversar.

3. Observe que aparecerá uma janela ao lado da lista dos seus contatos. Se a pessoa com quem você deseja falar tiver câmera, aparecerá a opção ; clique nela.

4. Para iniciar a chamada com vídeo, clique no botão 

. Será aberta uma janela, na qual você ouvirá e verá a pessoa com quem está conversando e vice-versa.

> **Atenção:** Se a pessoa com quem você deseja falar não tiver *Web cam*, aparecerá somente a opção ligar 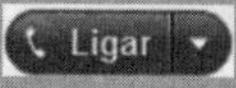

.

→ Para **fazer uma chamada** utilizando somente o áudio:

1. Verifique se a pessoa com quem você quer falar está *on-line*.

2. Clique no nome da pessoa com quem você deseja conversar.

3. Observe que aparecerá uma janela ao lado da lista dos seus contatos.

4. Se a pessoa com quem você deseja falar estiver on-line, irá aparecer a opção 

clique sobre ela.

5. Para iniciar a chamada, clique no botão 

. Será aberta uma janela, na qual dela você ouvirá a pessoa com quem está conversando e vice-versa. Veja:

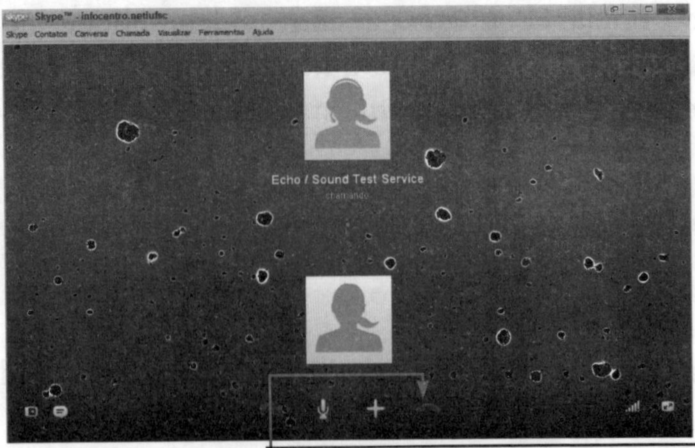

Clique aqui para finalizar a ligação.

Para finalizar a conversa, clique no botão .

Saindo do Skype

Para **sair** do Skype:

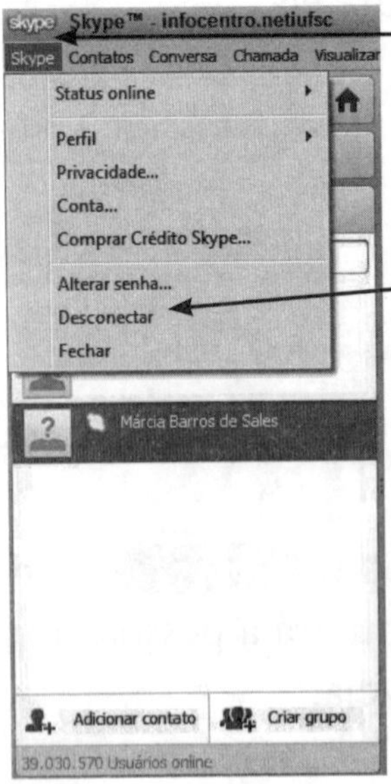

1. No canto superior esquerdo na barra de menus do Skype, clique em .

2. Clique em **Desconectar**. Veja a seguir:

➢ Após sair, feche a janela do Skype. Para isso, clique no "X"  que está no canto superior direito da tela.

Atenção! O Skype pode sofrer algumas alterações nas suas versões e, consequentemente, alguns passos podem ficar diferentes do que foi mostrado aqui.

Neste caso, acesse o Youtube e procure por "Como usar o Skype" ou "Skype passo a passo".

Referências

BRASIL. **Lei nº 8.842**, BRASIL - Política Nacional do Idoso. Lei nº 8.842/1994. disponível em: <http://www.planalto.gov.br/ccivil_03/leis/l8842.htm>. Acesso em 09/02/12.

______. **Lei nº 10.741**, de 1º de outubro de 2003. Dispõe sobre o Estatuto do Idoso e dá outras providências. Disponível em: http://www.planalto.gov.br/ccivil_03/leis/2003/L10.741.htm. Acesso em 09/02/12.

OAB-SP. *Recomendações e boas práticas para o uso seguro da Internet para toda a família.* Disponível em: http://www.oabsp.org.br/comissoes2010/direito-eletronico-crimes-alta-tecnologia/cartilhas/cartilha_internet.pdf/view
Acesso em 12/11/12.

Wikipédia. *Significado das Redes Sociais.* Disponível em: http://pt.wikipedia.org/wiki/Rede_social . Acesso em 1º de março de 2012.

Wikipédia. *O que é Facebook*. Disponível em: http://pt.wikipedia.org/wiki/Facebook . Acesso em 1º de outubro de 2012.

Wikipédia. *O que é Orkut: Disponível em*: http://pt.wikipedia.org/wiki/Orku. Data de acesso: 1º de outubro de 2012.

Wikipédia. *O que é Twitter*. Disponível em: http://pt.wikipedia.org/wiki/Twitter. .Acesso em: 01 de outubro de 2012.

SALES, M. B. *Modelo multiplicador utilizando a aprendizagem por pares focado no idoso*. Tese de doutorado do Programa de Pós-graduação em Engenharia e Gestão do Conhecimento da Universidade Federal de Santa Catarina, Florianópolis, 2007.

SALES, M. B.; Alvarez, A. M.; Mariani, A. C. *Informática para a Terceira Idade*. Rio de Janeiro: Ciência Moderna LTDA, 2009.

SALES, Márcia Barros de; GUAREZI, Rita de Cassia; FIALHO, Franscisco A. P. *Infocentro para a terceira idade: relato de experiência de aprendizagem por pares*. Disponível em: <http://www.ricesu.com.br/colabora/n13/artigos/n_13/pdf/id_03.pdf>. Acesso em 10 de novembro de 2011.

Skype. http://www.skype.com/intl/pt-br/home/ acesso em: novembro 2012.

Impressão e acabamento
Gráfica da Editora Ciência Moderna Ltda.
Tel: (21) 2201-6662